写给建筑师的信

〔美〕克里斯多弗·贝宁格（Christopher Benninger） 著

百舜翻译

图书在版编目(CIP)数据

写给建筑师的信/（美）贝宁格著；百舜翻译. —济南：
山东画报出版社，2012.6
ISBN 978-7-5474-0623-6

I.①写… Ⅱ.①贝… ②百… Ⅲ.①建筑－文集 Ⅳ.TU-53

中国版本图书馆CIP数据核字 (2012) 第050084号

山东省版权局著作权合同登记章图字　15-2011-174

责任编辑　董明庆
装帧设计　宋晓明
主管部门　山东出版集团有限责任公司
出版发行　山东画报出版社
　　社　　址　济南市经九路胜利大街39号　邮编 250001
　　电　　话　总编室 (0531) 82098470
　　　　　　　市场部 (0531) 82098479　82098476(传真)
　　网　　址　http://www.hbcbs.com.cn
　　电子信箱　hbcb@sdpress.com.cn
印　　刷　山东临沂新华印刷物流集团
规　　格　160毫米×230毫米
　　　　　　16印张　87幅图　170千字
版　　次　2012年6月第1版
印　　次　2012年6月第1次印刷
定　　价　32.00元

　　　　如有印装质量问题，请与出版社总编室联系调换。
　　　　建议图书分类：建筑

"建筑是一种奇异的工艺!
一种结构可能遵循了所有的设计规则
但是当另一种结构打破了所有理论,并产生了重大影响时
前者就会变得毫无价值!

一个建筑物在不违背设计规则的情况下并不见得是好建筑,
而另一个建筑物要达到完美,
就必须突破原有的建筑。"

——克里斯多弗·贝宁格

目 录

Contents

序

因为获得格雷厄姆基金会奖学金，我 1959 年首次来到了美国这个复杂的国度，我求教于勒·柯布西耶，请他为我引荐一位教师。他给哈佛大学的何赛·路易斯·塞尔特（Jose Luis Sert）院长写信提及了此事，塞特尔院长诚恳地给我提出建议。几年之后，塞尔特向我引荐了一位因获得富布莱特奖学金而将要来到印度的二十几岁的小伙子。我表示希望他能够来到艾哈迈达巴德，来到我们的建筑学院。我认为"世界一家人"，因此，1968 年，毫无疑问，25 岁的他成为建筑学院的一名教师。

在他的奖学金课程结束之后，我让他留下来，并支付他薪水，他答应了。我计划在艾哈迈达巴德开办一个新的规划学院，他一直和我并肩作战，努力工作。然而，当他去哈佛大学教授建筑课程时，我意识到，他与印度的缘分从此结束了。一年之后，当我在费城跟卡恩在一起时，我接到了克里斯多弗的来电，他要去哈佛大学做一个公益讲座。我们在坎布里奇谈论乌托邦式的梦想，谈论印度的未来。他向我承诺，如果我的规划学院开办了，他会回到艾哈迈达巴德，帮助我运作。

像是命运的安排，这个项目具体实施的速度比我想象的要快。但是，当我满怀希望地向克里斯多弗寻求支持时，他早已被哈佛大学聘为助理教授，我知道，他不会轻易离开那个令人垂涎的岗位，但我还是给他写了信，表明我极其渴望他的到来。一个月之后，我收到他的来信，听到他要加入的消息，真是喜出望外。从此，我们就开始了漫长的旅行。像音乐流派一样，我们属于同一个学派，我们师从于许多伟大的老师。从瓦尔特·格罗皮乌斯、勒·柯布西耶、路易斯·康到何赛·路易斯·塞尔特，"流派"这个接力棒被像奥斯卡·尼迈耶、桢文彦、多尔夫·斯奈布利和我这样的人不断传递着。新一代分担我们的重任，继承我们的职责，然后再影响着他们的下一代，对我们而言，这真的是非常幸运的事情。能被克里斯多弗这样的人称为师傅和老师，我感到倍受鼓励。

事实上，本书中的"信件"收集的是1967年以后的媒体采访、公益讲座和杂志上发表的文章。虽然它们涵盖了大量的主题，但都是与几个关注点、观点和思想紧密相关的。它们所代表的观点是勒·柯布西耶的精神力量，它们所代表的思想也是我在印度创建研究学院的依据所在。它们不是一味地追求模式化，或追求视觉化，而是真正地关注人类的生存问题。这些信件是克里斯多弗对自己个人生活的披露，青年建筑师应该在此受到启发，仔细考虑自己的建筑生涯。这些信件不仅涉及到了"现代主义"，同时也表明了他对建筑的关注，那就是，建筑已经从它的社会、历史和环境背景中孤立出来。比如，出于商业目的，建筑已经从学术性向后现代风格转变。有些信件则集中反映了，克里斯多弗关注社会和经济变化，适用的技术，以及它们对城市化、贫穷、平等和环境的影响。他在讨论城市化和城市规划时，经常会提出这些问题。另外，有些信件里面表达了他对某些人的敬意，他认为，这些人都应该成为青年建筑师的榜样。

此次旅行是一次友谊之旅，一次学习之旅，一次合作之旅，也是一次爱之旅。共处数十年，我们从未把工作仅看成是工作。它是一次探险，重在发现，其乐无穷。我们会激发出彼此孩子气的一面，使各自的创造灵感源源不断地迸发出来。对我而言，这些以信件形式出现的演讲和文章是非常熟悉的，它们代表了我们共同的价值取向、一生的工作和对未来的期望。

巴克里斯纳·多西（Balkrishna Doshi）

前　言

　　我曾经拜访过一位智者，他隐居在阿布山（Mount Abu）的一个洞穴里，洞穴外就是悬崖峭壁，他指引我从自己的手掌中洞悉自己的命运。然而，对于一个刚开始接触经验主义的年轻人来说，他的这种近乎疯狂的建议令我退避三舍。如果老师们知道一个相信上帝的门徒想要知道自己的命运，他们会有何感想？虽说如此，我还是被他的魅力所吸引。在感受到我的排斥之后，他对我的逻辑能力提出了质疑，他认为上帝之说简直就是胡说，而我早就应该意识到这一点。此时，我感觉到，他那洞悉一切的眼神以及拉贾斯坦邦沙漠之上的优美景观，像某种魔力药水一样，动摇着我的心智。

　　他告诉我，我是一个缺财之人，但我拥有很大的运气，这种运气会常伴我的左右。

　　听到这里，我试图从他那里打探到某种信息，便试探性地问道："你所说的好运是什么呢？"

　　他的脸上立刻露出怀疑的神情，他告诉我，你只有一种好运气，那就是会拥有一些伟大的老师。

　　我突然感觉到背部冰凉，浑身泛起鸡皮疙瘩。他说得千真万确，我确实遇到过很多伟大的老师，他们都令我受益匪浅，但这种信息根本是无法从我的外表获得的。

　　从此，我就开始无止境地寻找我的好运气，结识智者已经成为我所热爱的事情。

　　正是我的这份激情，以及命中注定的人生轨迹在数十年前把我带到了印度。我的好运气让我遇到了巴克里斯纳·多西、阿奇亚特·科维德、阿南特·瑞吉、库鲁拉·瓦奇、维克拉姆·萨拉巴伊、尤根达·阿拉奇、哈什莫科·帕特勒、戴守·兰姆·潘哲尔、里昂陈·吉格梅·廷里等大师，也让我遇到了许多正在逐步成长为建筑师和老师的年轻人。我们所共有的价值观、思想和原则让我们紧紧地团结在一起，成为一体。我经常会把我的恩师们想象成"一个人"和"一个灵魂"，他们只是在不同时刻换上不同的面具出现在我的面前。但是，我们的人生轨迹还是受到价值观的影响。我们共有的观念和乌托邦式的志向都是命中注定要存在的。我会通过接下来的信件与后来者分享这份遗产。

我想告诉你的就是，我们属于一体，同时我们又是单一的个体。

我们之所以属于一体，是因为我们共同拥有限制性的价值观；我们之所以又是单一的个体，是因为我们每个人都拥有独立的人格和天命意识。但是，话出回来，我们又拥有同样的美好愿望。如果让我们画一幅天堂图，我们所有的色彩和色调可能各有不同，但我们画出的图形可能是完全相同的。

如今，价值观、理想主义和意识形态已经过时了，甚至受到了怀疑。之所以受到怀疑，是因为我们已经变得过于商业化。但是，我们不是傻子；我们是专业人士。作为专业人士，我们就必须具备特定的价值观。

这些价值观是什么？

我想在这里提出我们共同拥有的几个信念、主题和目标，是它们让我们踏上了激情之旅。我现在这样做的目的就是希望学生和青年建筑师们能够产生共鸣。

在接下来的信件中，我会对此次旅行进行探索，然后再展望一下未来。我相信，不管是过去还是未来，我们都会永远站在这里。就像蜡烛之间的火光传递一样，我们的身体可以改变，但我们的精神是不会动摇的，我们要同心协力，把这些信件传递下去。重要的是，随着时代的变迁，我们的使命要变得越来越明确，越来越清晰；我们要拥有自信；我们要对社会产生影响。接下来，我会在这些信件中介绍我从老师那里学到的价值观。

它们包括了对待真理、客观性和平等的态度；对正义、世界观和尊重区域背景的态度；对热爱自由、友谊和现代观念的态度；对托管制度和城市规划的态度；对拥抱知识和接受新观念的态度。

真理和客观现实

我们所有工作的基础以及我们个性的根本就是我们对真理的坚持。当然，我这里并不是指中产阶级意识，而是我们要始终保持理智，对的就是对的。这种坚持可能被贬低为一种迷信、怀旧和浪漫主义，但是经过时间的验证，它就会演变成一种信仰。这就意味着，我们要把生活当成一个实验室，不断地学习，按照客观现实行事。这就是所谓理智的诚实，我们首先要学会与自己对话，确定我们所说的是符合现实的，是合理的。如果说我们共同拥有某种价值观，那就是我们对于真理的坚持。它需要我们自我反省，它会让我们自问："建筑怎么才算是诚实或不诚实？我们相信自己所说的话吗？我们忠实于自己吗？我们了解自己真正懂得什么吗？"

平　　等

万事万物，尤其是人类之间的平等最为基本。这可以精缩成一句话：各尽所能，按需分配。我感觉我们都相信，社会保障体系不会允许任何人降到人类生存的最低水准以下。这就涉及到了医疗护理、饮食维持的最低限度和人类避难所，同时这也给我们提供了许多机会，做一些会让自己高兴的事情。在社会中，每个人都拥有同样的权利，也拥有相同的机遇。这不仅会让我们产生疑问：建筑师和社会之间的"社会契约"真的超越了客户－建筑师这种关系吗？建筑和城市规划会进一步提高人们之间的平等吗？我们的设计技巧会给别人带来启发和机会吗？

正　　义

这些价值观唤醒了我们对正义和公正的需求。适用于某个人的规则必须适用于所有人，没有例外可言。我们已经开始怀疑，我们在日常生活中对生态系统的破坏是不是以未来数代人的牺牲为代价的；我们开始质疑，当一个城市消耗的能源相当于另一个城市的 20 倍时，这是否合理；我们开始沉思，少数人过度荒淫的行为是不是建立在多数人的痛苦之上的。这都是我们所关心的问题。这些价值观会对我们的设计方式产生影响吗？它们是我们个人规划的一部分吗？

世界观

我们所在的时代要求我们拥有某种世界观,我们也要了解到,我们无法孤立地生活。气候变化、可持续性、人权、核战争、恐怖势力或者贸易,它们无一不影响着我们的生活。针对我们对地理、历史和文化的了解,我们必须控制自己的欲望,我们要怀有爱心,互相理解。我们必须尊重各种文化,接受不同的理念共存。如果没有其他思想的审视,我们能够证实自己的观点吗?如果没有一种明确的世界观,我们能够为别人设计出栖身之所吗?如果不能理解别人,我们能够了解自己的真实情况吗?

区域背景

同时,我们还必须根据生存背景的不同进行建造和设计。我们不得不从过去受地域气候、当地材料、技术和文化影响演变而成的风格中汲取灵感。任何一种人工制品的设计都开始于对地域的理解。生活背景是怎样变成设计的始发点呢?这些因素是怎么反映出使用者的文化呢?我们建造的小路和公共领域会给使用者带来欢乐吗?我们从建筑历史和居民历史中会学习到哪些经验?我们要如何对区域文化做出贡献?

自 由

最后,我认为我们每个人都需要人身自由,以及追求个人命运、探索个人潜能、选择任何一种创意方式的自由。许多老师都从欧洲的压抑气氛中逃离,去了具有发言权的地方。他们这种做法影响了我对自由的看法。另外,自由也是对成果使用者的参与所持有的一种态度。我们如何才能让我们设计过程中的互动性和参与性变得更强?我们的规划如何能够为人类带来更多的机遇和机会?我们是否看到少数人凭借权势肆意践踏我们的自由?我们是否看到土地蚕食和土地拆迁侵犯了人类的尊严?我们能忍受这种事情发生在城市命名和城市设计上吗?

情 谊

我们经历了多次轮回，在不同生活中，我们呈现出各种不同的身份。情谊把我们联结到了一起——姐妹之情和兄弟之情都吸引着我们，让我们走到一起。在遇到我的恩师时，正是这种理念影响了我们的谈话，指导了我们的思想。共同的价值观让我们产生了价值感和信任感，让我们始终保持一致。我想通过分享这些信件来扩大我们的情谊圈。我希望每位读者都能思考一下自己的生活和自己的价值观，我也希望每位读者能够成为一个发扬我们这个流派的老师。作为我们的友谊、情谊和流派的一部分，我们所有人都必须接受和发扬我们的价值观。

现代观念

我们所有人都非常关注并且正面临着现代化时期。这个时代是一个让技术工人失去尊严的时代；是一个从自给自足向单一商业化转变的时代；是一个把知识能力储备不足的人推向混乱城市的时代。在这个时代，地球资源被流转到缺少托管制度的少数人和机构手中。从约翰·罗斯金（John Ruskin）、查尔斯·雷尼·麦金托什（Charles Rennie Mackintosh），经过德意志制造联盟（Deutscher Werkbund）、魏玛美术学校（Weimar School of Art）、包豪斯（Bauhaus）、国际现代建筑协会（CIAM）、Team 10 和德罗斯座谈会（Delos Symposia），一直到今天，我们的使命感已经给人类带来了更好的生活。我们把现代建筑看成是一种纯粹的风格，还是一种社会承诺呢？我们把建筑看成是一种提高人类生存条件的媒介吗？

托管制度

我们生活在一个贪婪和自我膨胀的年代。在这个时代，人的尊严和社会地位是由财富的多少来决定的，无论这些财富是通过什么方法获取的。做善事早就被人抛到九霄云外了。可能社会主义的根本错误就是，它没有意识到贪婪是人类的通病，而是把贪婪塑造成自由的象征，或是把贪婪看成是从资本主义夺取资源的方式。资本主义的根本错误就是，它没有把"公平竞争"看成是真正竞争和人才储备的基本。贪婪就像是与光明抗争的黑暗，隐藏在每个人的心中。

接下来的"信件"可能正是我对贪婪的反应。它们可能会帮助年轻建筑师在艰难的工作生涯中树立起自己的价值观。我们必须了解，我们的潜能和我们的财富只是暂时由托管制度给我们的，我们应该为更多人的利益着想。

规 划

财富积累和分配这个问题需要引起我们的注意，我们要对公共资源和资产进行规划。对我而言，规划的前提就是要研究社会不同群体所面对的压力、投资的合理分配、鼓励措施的制定以及减缓社会压力的规定的实施。当资产得到合理分配时，人类的压力也会得到适当的减轻。这可能会涉及到基础建设、服务业、设施和机构模式的变化，这也必然会影响到人类社会。

"规划"(Planning)这个词语出现了一种新的维度。我在1971年开办规划学院时，它就是推动这所学院前进的所有理念和价值观。我们不再像分配土地利用区域时那样画图规划，我们要考虑到最低需求、商品和服务的适用度、人类供需之间的关系。

建筑与城市规划呈现出的是社会工具的特性。我们所有人把这些规则看成是社会变化的载体。我们把这些专业诉求看成是探索真理的途径；是分析客观现实的需要；是认识人类平等性的需要；是正义的前提；是个人和社会自由的根本。我们不仅要看到问题所在，还要找到解决方法。

知 识

无知是丑陋的根源。不以知识为依据的好意图可能会引发截然相反的后果。如果没有知识作引导，价值观也会缺少了存在的背景。事实的收集会帮助我们形成不同的观念。分析和理解各种观念之间的关系会让我们形成不同的概念。没有概念，我们就无法处理问题。概念是好设计的本源。

只有了解功能性互动概念之间的相互关系，我们才能建立起复杂的系统。要想设计一把好椅子，建筑师必须知道所用材料的特性；不同角度和施力点所用的材料重量；产生的弯矩、连接点的剪切负荷；不断变化的负荷分布；材料和连接件的响应。然后，这把椅子必须美观舒适，并且符合人体工程学。所有这些事实和观点就产生了这个概念：椅子。随后，这把椅子就被放置到房间里了。

在建造房屋时，我们必须选择合适的地点，利用适当的材料，实现房屋应有的功能。房屋必须能够经久耐用，性价比高，在此基础上还要尽量美观。同时，房屋是街道设计的一部分，是社区的一部分，同时也是市区的一部分。市区是城市的一部分，同时又是大城市圈的一部分。如果我们可以收集到这些相关的事实和它们的内在联系，了解系统性模型中产生的各种概念的功能性，并且把这些概念视为实际的物理构造，我们就可以设计任何东西了。我们必须善于分析每种解决方案的绩效标准，创造性地设置各种评估选项，并且能够从中做出筛选。在使用知识和分析知识以创造物体和公共设施的这个基本过程中，"设计"这个词语也就产生了。

接下来的讨论会提出一些与知识理论本身和那些支持或破坏这些观点的"意义体系"有关的问题。建筑师必须了解技术以及技术影响社会结构和社会变革的方式，并要对其抱有极其浓厚的兴趣。他们必须知道技术演变的历史，以此理解他们在历史中所处的位置以及他们的工作对社会的影响。

并不是任何一个建筑师都会改变历史，但是可以肯定的是，每个建筑师都会或好或坏地影响他们所在的社会的文化结构。所有建筑师都会对大自然、社会和生活质量产生影响，只要是建筑师，他们就不可能成为局外人。

对建筑师而言，对历史演化有个大体的了解是非常重要的，这可以帮助他们适当地确定自己所扮演的角色。重复建造艾菲尔铁塔这样的建筑物对世界而言是一种贡献，还是对我们的认知力的一种冒犯？建造世界上最高的建筑是追求新事物的表现，还是不安全感的一种表现？

建筑师需要了解所在社会的结构；了解社会所面临的日常压力，并切身体会；了解他们的艺术品的物质性；了解他们所消耗的资源；他们必须了解在利用材料和技术时他们的行为对人类栖身之所的影响。他们必须了解，贪婪和商业化会分散他们在改善人类生存条件方面的精力和资源。在怀旧和浪漫主义的幌子下，客观现实被忽略，人性化设计竟然也被公然忽视了。

建筑师必须要活到老，学到老。我们是老师，同时又是学生。知识让我变得更睿智，它帮助我们了解各种不同的环境、了解其他人的观点、理解他们的感受和需求。作为设计师，我们必须要切身体会使用者的感受，至少要设身处地地为他们着想。这会让我们变得更加明智。保持明智意味着，我们能够理智地从不同角度看问题，并在此基础上得出结论。每个好设计都是一个结论而已。

缺少知识会使我们缺乏个人认同感。它无法让人们保持自我，而会让他们扮演着各种虚假的人物形象。

我想告诉青年建筑师："不能模棱两可，要确定。"（Don't seem, BE.）了解自己的缺陷和自己的潜能，知道自己是谁，不要吝啬于自我表扬，如果你知道自己能够做到，那就大胆去做吧。在工作过程中，你要大胆展现自己的自豪感，大胆表现自我。

每位年轻建筑师必须设定出自己的标准，并根据自己遵循的价值观来定义自己的角色。

我们每个人都会根据自己的价值观、观点、智慧和慈悲心演变出一种独特的人物角色。如果某人对你使用卑鄙手段，让你产生消极情绪，不用理会。如果你用同样的手段对付他，你就会逐渐地被他同化。你要做的不是反映世界上所有的缺点，而是一步一步地吸收每个人身上的闪光点，这都是值得你学习的地方。只有这样，你才有可能产生影响他人的气魄。这才是真知识和真智慧。

归根到底，我们建筑师并不仅仅是创造者。我们是建造者。我们并不能生活在只有文字和思想组成的世界里，我们必须脚踏实地，在地球上留下我们的脚印。我们是"思考者兼实干家"，我们的思想必须与我们使用的材料和技术相融合，我们必须为构建我们的社会做出贡献。

我经常会听到建筑师抱怨他们所在的环境、他们的客户或者资源的匮乏。这些都是掩饰失败的自欺欺人的做法。我们所要做的就是在现有基础上做到最好。如果我们遇到一个糟糕的客户，我们可以选择离开，除非我们受到了贪婪的驱使。只有以价值观和慈悲心为导向，在获得知识的基础上，真正的建筑才能抬起它的头。

开　放

我们的辩论、对话、演讲和争吵都会让我们对建设性批评和自我评估持有更加开放的态度。教学不是单向的思想传递，它是一个分享和质疑的反复过程。我的老师大多数会通过案例教学法来教学，他们坚持认为，与知道正确答案相比，提出正确的问题才是最重要的。与单向传授相比，对话和问答才是最重要的。

遗 产

这些价值观都是我的老师传授给我的。和他们在一起，我看到了他们处理争议的方式以及他们解决问题的方式，从中我学到了很多。这些价值观每时每刻都会从他们的话语中体现出来，在很大程度上巩固了他们的世界观。

现在，我把这些观点看成是我唯一的财富，把这份财富传递下去也是我的责任和义务。我之所以把这些启示称为"信件"，是因为我想让它们像明信片一样，寄往千家万户。它们并不是某个故事的独立章节，而是生活中的意外收获。

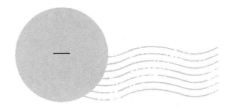

起　点

Beginnings

信件 1
魔法天赋的预示

Omens of a Magic Gift

 当我还是一个孩子的时候，我整日陷入困惑当中。任何事情都无法点燃我的激情，老师和学习都不能激励我去寻求知识。我的父母认为，上学会让我受到良好的教育，参加体育运动我就会成为运动员，去教堂我就可以与终极真理有个亲密的接触。他们混淆了宗教信仰和灵性；混淆了运动与健康；混淆了资质与知识。这些地方传授的大多数东西都像一片乌云一样笼罩在我的头顶。

真正打动我的是秋天红的、黄的和橘色的树叶。当美丽的叶子悄然坠落，伸向天空的干秃秃的树枝则会让我情绪低落。下雪时，黑色的树枝和藤蔓上会覆盖上晶莹的雪花，雪花片刻就会融化，黑色的树继而成为了水晶般的大烛台，在明耀的太阳光下闪闪发光。对我而言，这正是打破黑暗的光明，这种美丽让我深深着迷。

我的生活是由大自然中的事物组成的，我的朋友是树上跳跃的松鼠和田间奔跑的野兔。所有这些都是某个基本真理将要得到揭示的前兆。春天时草长莺飞，一派万象更新的气象；夏天时树木郁郁葱葱，昆虫鸣叫，枝头挂满果实；秋天时则是死气沉沉，一派枯萎凋谢的景象；接下来就是漫长的冬天；这就形成了一个轮回。醒悟、革新、超越都是来自于灾难。鸟群会在冬天迁移到南方，在春天返回北方。这都是"标志"。

我也是由两部分组成的，每个部分都会放大另一个部分的意义感和无意义感。

赖特的塔里埃森

就像阴阳两极一样，黑白两股力量纠缠在我的身体里面，你争我夺，互不相让。黑色力量使白色力量变得更加纯净，更加美妙，而白色力量则使黑色力量变得更加具有预兆性。

在某年圣诞节的早上，我的眼光被一份礼物吸引过去，它并没有放在父母以往藏礼物的地方。平时，我会在阁楼里爬上爬下，在高高的架子上偷看爸爸编辑他的色情杂志，因此其他人的一举一动都逃不了我的视线。家里其他人故意露出吃惊的表情，打开盒子和小包裹，而事实上他们早就在前几天悄悄寻找到了这些礼物。像所有孩子一样，在那个意义重大的早晨，我急切想要第一个得到这份最具吸引力的礼物，因为它产生了一种未知感。与其他礼物不同，这份礼物成为了我人生的护身符，那是一本改变我生命的魔法书。

当我翻开弗兰克·劳埃德·赖特的《自然建筑》时，我突然发现了自己是谁，突然知道了自己想要什么。我第一次对人生的意义和探索进行了思考。在读这本书时，我感觉自己就像一个灵魂转世的人，之前的生活历历在目，未来的生活也浮现在眼前。

我喜欢的不仅是书里的设计、绘图和照片，还有字里行间所透露出来的涵义；它是打开我内心真理的一本圣书：这个真理一直沉睡在我的内心深处。它一直在那里，隐藏在我的潜意识里，如今终于释放出来。这或许是一种启发，又或是一种自我发现。反正从打开《自然建筑》那一刻，我就没有舍得放下，直到读完最后一页。从某种意义来说，我甚至从未把它放下。我迄今为止仍用我的灵魂来阅读它，发现并寻找 50 多年前圣诞节那天真正启发我的东西。

当我在午夜合上书时，我仿佛进入了另一个世界。我走出屋子，星星在广阔无垠的夜空上闪闪发光。空气异常清新，天空也非常清澈。我看到的所有事物都变得不同，变得新奇。我的心灵在唱歌，我的灵魂已被开启，我的大脑已开始思考。

在接下来的日子里，我不再像之前那样看待问题。雕刻精致的栏杆让我着迷，雕刻的石像鬼让我不禁展开笑容。我注意到每根木头的颜色、纹理、密度和用途都不一样。我不禁用手抚摸起来，希望能感受到其内在的灵魂。我注意到，木地板在冬天会让人感觉到温暖、舒适惬意，大理石地面则在夏天会让人感觉到凉爽舒适。彩色玻璃窗、精美的铜制把手、经过深思熟虑的装修都成了我的朋友。当用手触摸各种材料时，我会倾听着它们内在的声音，并与它们交谈。我开始挑剔草率的工艺和粗糙的细节处理。非自然的合成品令我火冒三丈。我对于材料的使用、功能的分类有着自己严格的一套要求，极其厌恶昂贵成品的滥用。纪念碑式的建筑彻底让我感到恼火，看起来像大理石石刻品的巴黎石膏雕刻图案令我感到厌恶。我把手工艺品分成了两个部分，一部分是属于诚实的展示，另一部分则是属于虚假的。世界上既存在建筑大师，也存在为追求金钱而炮制大量丑陋产品的冒名建筑师。我意识到，我的"自以为是"的观点有点趋向于基要主义，但是我热爱这些想法带给我的规则、虔诚和平衡。一种新的激情早已潜入我的灵魂，点燃了我的精神。

赖特教给我，人类的思想包含了所有的美好和丑陋，人类是怪兽和圣人的综合体，既能创造出无与伦比的美丽，也能引发悲惨的灾难。正是人类的思想把人类与其他动物区别开来，它能让我们成为令人恐惧的怪兽，也能让我们成为诗人、美术家和建筑师。只有我们才能感受到卓越的兴奋感。人类是唯一能够创造价值观的物种，他们利用价值观来引导和调节自己的行为，并利用价值观来设计和建造他们的栖身之所。

在看完《自然建筑》之后，我身体内的阴阳两极出现了，它们不再互相较真，令我精疲力竭。黑色力量彻底输给了白色力量。如今，无论我做什么，我都会感到激情四射。我放弃了上学，开始了内在的探索。某些具有魔力的东西紧紧地吸引着我。我不再参加教会活动，而是感受着创造性发现给我带来的灵性时刻。

我把这种自我发现称为灵感。那是智慧的火光一闪，它告诉我们应该去做什么，推动我们去追求自己想得到的东西。它激发了我们对生活的探索；它在我们的心中置入一种强烈的愿望；它让我们对未曾拥有的东西产生了一种极度渴望的需求；它召唤我们去了解自己的内心；它引导我们前进，永不偏离方向。

赖特在书中教给我去寻找事物中通用的规则，去发现真理的美妙。我了解到，建筑只是居民的写照。它们反映出人们的行为方式、思考方式、他们的渴望以及他们处理物质的方式。建筑形式说明了，不管是满足物质生活，还是利用物质来达到卓越的境界，人类和社会的演变方式都是他们精神层面的实现。建筑物把人们和社会放到了维持生存的野兽和具有先验意识的圣人之间。建筑把只会索取的人与那些懂得付出的人区别开来。建筑物象征着人们与所在环境之间的关系程度，象征着人们与建筑地点之间的关联程度，与带来幸福和平的社会传统和模式达成了一致。

　　但是生活并不是童话故事。它充满了多种选择，我们必须学会如何前进。我们会做一些明智的选择，也会做一些错误的决定。但是，我相信，我们都受到共通的灵感的驱动，从我们的错误中吸取教训，并继续前进。我们在生活中会遇到许多事情，并从中获取经验。在内在灵感的鼓励下，生活本身也就成为了一所大学。我们时刻都在学习。

　　因此如今，几乎半个世纪过去了，一份魔法礼物仍然启发着我，指引着我。我希望所有年轻建筑师都曾遇到或将遇到这样一个催人奋进的时刻，让他们产生意义感，让他们找到生活的方向。

　　我从赖特那里学到的东西很简单：发现事物之间的共通规则，找出真理，发现真理的美妙。他所谓的"自然建筑"就是指自然本身和天然的生活。他把"有机"这个词语作为一种拥有许多含义的思想。他的意思就是，任何事物都拥有其特定的天然属性；建筑是大自然的一部分；每种材料都有其本质、天然属性和独特的潜能及限制；每件事物都有其先天的真理；每个人都有其有机的个性、创造力和独特的品质；一个人必须忠实于事物的天然属性以及他自己的本性；误用的材料、思想和事实中存在着谎言；伪装自己是虚伪的表现；每种事物都有根本的机遇和贡献自己的潜能，每个人也都有其独特的机遇和贡献自己的潜能，这就是自然的旅程和目标。

　　赖特以一信条作为书的结尾。我简单陈述一下：

　　　　"我相信，房屋是一件艺术品，更是一个家。"
　　　　"我相信，一个人属于个体，更属于一个人类，而不属于任何一个委员会。"
　　　　"基于以上两方面，我相信，民主政治（虽然实现起来有些困难）是认知度最高的社会形态。"
　　　　"我相信民主政治是我们人类先天需求的贵族政治。"
　　　　"我相信任何形式的成功都是凭借能力把这些真理变成现实的过程。"
　　　　"我相信所有混淆这些真理的机构如今仍然在使用权宜之计，这就注定要被识破，并被淘汰。"
　　　　"我相信真理是我们的根本神学。"

流水别墅

　　赖特是一个追求美好、追求民主、追求诚实的人。他极度反对虚伪、商业化和浮夸的表达手法，就像我们今天所看到的商业化玻璃大楼。对于这种毫无活力的建筑风格，他指出："我们的建筑简直就是微不足道。我们甚至从未有过建筑；至少从未正直诚实地设计过建筑物。我们只看到了经济犯罪。如今，我们最雄伟的建筑物都没有资格被称为艺术品。"

　　在批判他那个时代丑陋的希腊罗马式的巴黎石膏伪造品时，赖特向我展示了他对虚假艺术和美学谎言的反抗。我意识到，一个世纪前赖特的反抗就是我们今天的反抗。赖特的声音穿越了数十年，召唤着今天的我们。在与现状抗争过程中，赖特谈到了五个伟大的操守，换而言之，美好的东西实质上只有真情实感才能创造出来。

赖特的五大操守

　　第一：房间必须被视为一个架构，否则就没有建筑风格可言。赖特的意思就是，房间并不仅仅是一个装饰华美的盒子，还是由互相连接、互为整体的空间组成的，这样才能创建出一种统一的风格。他总是反复强调恩师路易斯·沙利文（Louis

Sullivan）的格言："形式追随功能。"

第二：他坚持："我们不再把室外和室内看成是两件单独的事情。它们是相辅相成的。如果材料的特性能够相互调和，在设计和施工时，形式和功能顺其自然就达成一致了。"

第三：他提出这样一个概念：设计要随着地点的变化而发生变化。"空间"、"室内"和"形式"都要考虑到建筑位置和采光等各个方面。事实上，现代文化并不是有机的、完整的或自然的，而是些零碎的东西。如今，城市正在与大自然背道而驰。赖特认为，光明－建筑－文化－幸福－工作－信仰都存在于"自然"之中。他反对铺张浪费，并认为人造物会抑制人类智慧的发展。

第四，赖特提出，"有机建筑"的观点就是指一座建筑物的本真位于被使用的空间内。现在人们都流行把建筑物比作"信封"或是装饰华美的包裹，赖特对此嗤之以鼻。

第五，赖特认为这种有机思想同时又是民主政治的本质。他相信，民主社会会使人类的本质以一种坦诚、诚实的方式流露出来；他相信，我们每个人都拥有一分有机本真，那就是诚信。诚信来自于人类的内在，与外在毫无关系，它并不是随手可以穿脱的大衣外套。诚实是从人类本身所散发出来的一种品质。这种内在的诚信不会受外在压力或外在环境的影响而发生变化；它不会因为外在的变化而发生变化，因为它只存在于你的内心，你会尝试以尽可能最好的方式生活。

赖特开始反抗"外观"建筑和"外观"人的观点。他提出了形式缘于内在这种新说法，颠覆了外观建筑的装饰观念。他是从日本哲学家冈仓天心（Okakura Kakuzo）那里获得的启发，在《茶之书》（The Book of Tea）中，冈仓天心提出，房间的本质就是屋顶和墙壁间隔出来的空间，而不是屋顶和墙壁本身。

赖特是东方艺术收集者，同时又是老子和道教思想的推崇者。他关于东京帝国饭店的著作使他越来越接近这种文化。他的有机建筑概念来自于事物本质的旧有概念，而不是来自于虚夸且经常不真实的表面现象。他坚持认为："如今，建筑最需要的东西也正是生活最需要的东西——诚实。"

与人类一样，建筑物的最高品质也是诚实。赖特认为，诚实是人类的天然属性，然而随着消费者主义的到来，人们开始狂热地追求财富。想要成功的"压力"已经破坏了这种珍贵的品质，因为成功在贪婪和物质面前早已失去了以往的光彩。

　　一般来说，要想从内在树立一个人物形象或建造一座建筑是很难的，浮夸容易，深奥则很难。你希望自己的居住方式和居住地能够符合你的内心感受。另外，你的居住地必须符合建筑地点，符合建筑目的，符合你自己。这个概念似乎已经被人遗忘。现在的房屋都毫无个性可言，就像是一个个毫无生气的大盒子，只会给环境带来破坏。但具有内在含义的房屋就会截然不同，它可能成为一种有机建筑，就像人展现出诚实品性一样。

　　我们的草图和设计是通向自我实现的途径。建筑物反映出我们的行为方式、思考方式、我们的灵感所在以及我们处理材料的方式。像利恩·勒费夫儿（Liane Lefaivre）和亚历克斯·佐尼斯（Alex Tzonis）这样的学者都不断地强化这一信念，他们在关于批判性地域主义（Critical Regionalism）的著作中指出，新功能和新技术都要诚实地与文化背景、气候和文化融合为一体。这种概念被深深置入了赖特"有机建筑"的思想里。

　　年轻建筑师们，我恳求你们，请一定要理解并接受这一伟大的哲理。它会让你的旅行充满欢乐和发现。

（2006 年 9 月 30 日金奈 IAB 就职演讲）

信件 2

遗产与天赋：建筑师的自我发现

Legacy and Endowment: An Architect's Self Discovery

觉 醒

看完《自然建筑》之后，我又阅读了手头能够找到的赖特的《一份遗嘱》(A Testament)、《美国建筑》(An American Architecture)和其他的作品。紧接着，我又看完了《广亩城市》(Broadacre City)、《我的自传》(An Autobiography)和《塔的故事》(The Story of a Tower)。赖特点燃了我内心的能量，直到今天，火焰仍未熄灭。数十年之后，他的设计和他的观点都始终伴随着我。其中不仅涉及了大量与美国波状地貌相关的伟大架构，同时也让我见识了这位理性主义者"诚实表达"的原则，这深深震撼了我。赖特的真实想法就成了我的信条——指引我前进的灯塔。

在读赖特的其他作品时，我明白了大师的智慧会帮助我们在事实和知识的海洋中航行，他们会为我们指出一条光明的道路。这激发了我要进行精神冒险和心灵旅行的想法。我开始寻找那些可能传授给我生命感悟的智者。经过不断的困惑和探索，我偶尔会遇到一些榜样类的人物。在旅行过程中，我发现，数十年甚至数世纪以来，"思想学派"是一直存在的，他们的精神在师徒之间永远流传。正如蜡烛之间的火光传递，一位大师离开了，他的精神火焰会被传递下去。在印度音乐中，这些学派被称为流派，在像巴克里斯纳·多西这样的大师的指引时，我开始意识到这种传统在建筑中也是存在的。

旅行与发现

我骑着自行车穿过蜿蜒起伏的山峰,从波士顿到达蒙特利尔;沿着圣华金谷一直往下,经过圣塔露西亚山脉,路过圣西蒙,经过威尔士,穿过莫哈韦沙漠,从伯克利来到了洛杉矶;经过孚日山脉,经过铁托南斯拉夫,横穿欧洲,从巴黎来到了雅典。我坐船环游了爱琴海、波罗的海和佛罗里达海岸。作为一个年轻人,我去过南美,在北美四处游走,并对欧洲探索了一番。作为一个年轻人,我去过俄罗斯、日本、东南亚地区,并在1971年从伦敦旅游到孟买,那是一次史诗般的陆路旅行。

在没有任何计划,对旅行工具毫不了解的情况下,我乘坐火车从维多利亚车站出发,然后乘船横跨了英吉利海峡。我还到过瑞士多尔夫·斯奈布利(Dolf Schnebli)的家中和希腊杰奎琳·蒂里特(Jaqueline Tyrwhitt)的家中做客。在土耳其,我遇到了一种新社会、一种新宗教、一种新文化和一种远古文明。烹饪、着装和那里的人们在我的眼里都显得那么新奇。当我旅行到东部时,广袤干旱的大地和无边无际的山丘都一一映入我的眼帘。恶劣的地理环境激发出了我的冒险精神。火车在埃尔祖鲁姆到达了终点,在那里,我只能搭便车到伊朗边境。我在土耳其遇到了年轻的工科学生普莱姆·昌德·贾因(Prem Chand Jain),他是从德国出发,前往德里,一部电视机就是他唯一的行李。我们因此结伴一起到达德里,在路上,我们还遇到了许多不修边幅的嬉皮士和背包客。

在德黑兰,我们发现一个现代化的绿洲,那里的街道熙熙攘攘,充满着大城市的气氛;随后我们到了马什哈德,在那里,清真寺的男孩子们会向那些穿短裤的西方女孩扔石子。我说道:"活该!"我乘坐着迷你巴士穿过边境,来到了赫拉特这个布满尘土的城市,在那里,我就睡在客栈的花园里,以天为盖,以地为席。然后,我乘坐着大篷车穿过炽热的沙漠地带,来到了坎大哈和开伯尔。这里的集市充满了异国情调,各种商品琳琅满目。人们都很热情,人群里充满欢笑,大家都以兄弟相称。那里是唯一仍留在我记忆中的古老城市。然而,新的现实和战争早已使它面目全非。从开伯尔山口下来之后,我发现了印度次大陆。这里的人们、绿化、逐渐增加的环境湿度和炭火烤肉的味道都让我意识到,我真的来到了次大陆!

在整个旅行中,我结交了很多朋友。我们的目的地是相同的,但我们对生活的

查尔斯和蕾·伊姆斯的家，1963 年。

追寻是不同的。一个人可以跟随当地旅行者，跟从他的指导，然后再把经验传授给另一个人。但是，这个人永远不会知道明天会与谁同行，或者到达哪里。

我认为生命就是如此，人们分享快乐和悲伤，追寻当下和未来生命的意义。摄影家卡蒂埃·布列松（Cartier-Bresson）是一位伟大的旅行家，他曾经说过："要想成为一位伟大的摄影家，你只需要一只眼睛、一个手指和两条腿！"他用自己的镜头记录下了生命的意义，我知道自己必须在砖头和砂浆中找到生命的真谛。但我想在诉诸笔端之前，研究一下大师们的成就，唯有此，我才能站在这些巨人的肩膀上思考未来。因此，我需要四处走动；我必须用两条腿旅行，沿途结交朋友，丰富彼此的见识，互相讲述生活中的故事，分享随身携带的小物品。

在美国旅行时，我在新迦南打电话给菲利普·约翰逊（Philip Johnson），他说："明天到这里来吧！"洛杉矶的查尔斯和蕾·伊姆斯说："来参观一下我们的家吧，然后一起去看我们制作的新电影。"凤凰城的保罗·索莱里（Paolo Soleri）说："来看看我的铃铛吧。"迈阿密的巴克明斯特·富勒说："来我的旅馆喝杯咖啡吧。"然后，他滔滔不绝地给我讲授经验，直到凌晨三点钟才结束。沿途中，我不停地结交朋友，并听从他们的教导：日本东京的桢文彦，伦敦的奥托·柯尼斯柏格、芭芭拉·沃德、简·德鲁和马克斯韦尔·弗拉，巴黎的沙德拉·伍德和尤纳·弗里德曼，瑞士的多尔夫·斯奈布利，以及希腊的杰基·蒂里特、帕纳伊斯·普斯木普洛斯和康斯坦丁诺斯·亚迪斯。

在费城，与路易·康和阿南特·瑞吉共处的那个星期天下午让我记忆深刻。那是1970年，当时还是春天。康给我们两个人讲授了几个小时。其间，他把一张打印纸揉成了一个坚实的球体，把它抛在桌子上，让我画一张草图。当我正在犹豫不决时，他大笑起来。随后他画了四条线，形成了一个简单的四方图。紧接着，我们都大笑起来。每个难题的背后都隐藏着生活的玩笑。

在1968年，来到印度的第一个月，我就遇到了阿奇亚特·科维德、哈比卜·拉赫曼、巴克里斯纳·多西、查尔斯·柯里亚、卡马尔·曼加尔达斯、哈什莫科·帕特勒、莫瑞南林本和维克拉姆·萨拉巴伊、阿奴拉哈本和圣纳·梅塔。接下来的日子则充满了发现、希望、梦想和分享。

就像我对各种山峰和河流的特征惊叹不已一样，我也尝试理解每个人独特的性格、他们伟大的精神和他们的世界观。我从来不会对他们谈论的事实和数字感到困扰，我完全可以独立学习。我更倾向于理解他们看待各种观念的方式以及他们对生活的感悟。我想要了解他们对事物敏感的心理认知以及他们对世界做出的微妙反应。他们如何从陈词滥调中提炼出诗歌？他们如何从平凡中筛选出不平凡？这些主观特质是如何帮助他们着眼于未来进行设计的？事实上，他们每个人都会自问："宇宙的意义是什么？我为什么存在？我是为了某个使命或某个目标而努力吗？"这些人都是人文主义者，他们的身上会散发出一种积极向上的力量，遗憾的是，他们其中有些人已经离开人世了。在旅途中，我遇到了数以百计的不知名的智者，他们跟我分享他们的生活，为我的人生真理注入了营养。我必须学习他们的智慧；我必须学习他们的精神，挖掘所有我能够吸收的知识。这就是我的追求、我在生活旅途中的动力、我的想象力源泉。

智慧与启迪

回顾往事，我发现，只有通过情感、通过对事物的主观纠结、通过生活的诗意、通过人们之间的爱，深奥之物才会出现。我们可以表达观点和概念，可以产生各种态度和“构想”，但是如果没有情感的流露，这些都只是枯燥的学术而已。心中的情感才是真理和诗意出现的源头。

我们需要绘图、测量、建造大厦、创造一种文明，在只有基本材料的情况下，我们能做到吗？我们从结识的人们身上吸取积极的能量，才能获得做事情的智慧和能力。方法和技术可以转包，但是没有激情和热爱，新型事物是不可能产生的。我认为，这就是我热爱艺术的方式所在，也正是我热爱诗歌和建筑的方式所在。这种热爱和激情是我的遗产，也是我们的遗产。

我意识到，我旅行的目的并不是去拍照片，我阅读的目的也并不是去获得事实和数据。我所做的是要在自己身上发掘出更大的感人的灵气；让自己对宇宙的本质产生更加敏锐的感觉，寻找生命的根本：我是谁？我为什么在这里？我为什么要当建筑师？我要为谁建房子？宇宙的意义是什么？人会有来世吗？

好生活

“好生活”最终才是支撑所有事情的基础。当然，我在这里并不是指财富、房屋或奢侈消费，也不是指必须喝最优质的苏格兰酒、吃最好的肉、知道最著名的红酒的名字。我们应该享受生活，知道生活是什么！但是我们必须掌握好平衡。

我们应该吃好，但不能沉迷于此；我们应该喝好酒，但不能成为酒鬼；我们应该讨论彼此的观点，但不能不停地争论；我们应该勇敢去爱，但不能让爱占据我们的一生。生活充满艺术，我们在做事情的时候心里要有一把尺子。也许我们应该敢于尝试，但在经历之后，我们要回归到最佳状态。事实上，好生活正是如此，既不能过于无聊，也不能过于狂热。这只是跨出物质世界的第一步，我们工作的主要目的就是要寻找到这种状态，然后再让其他人感受到这种状态。这种最适宜性被希腊人称为中庸之道，它是由平衡、均衡和融合来体现的。

赖特让我明白了真理的含义，我在亚洲的旅行则让我学到了对“美好”的追求。我经常会说，知道什么是美好的事物比知道什么是真理要好得多。美好的东西是有生命的、切实存在的；它是花园里散发的阵阵花香；它是夜晚的床和早上我们温暖的拥抱。在欢声笑语中，我们感受到它。真理可以在书本中、网络上、杂志上追寻到。它躺在我们的学习书架上；它是政治家、牧师和学术家争论的结果。它们会让人产生怀疑，经常让人在经历过程中产生错觉。

"不能模棱两可，要确定。"这就是我们传递遗产的简单方式，因为我们永远不可能真正知道真理是什么，但我们自己也必须不断追寻它。

在我的整个旅途中，这种问题不停地浮现在我的脑海中。我到过很多地方（当我写这些文字的时候，我仍然在澳大利亚的旅途中），我总会居住在各种修行所或者休养所里。难道正是它们反映出了我从印度教徒向哲人的转变？

我想提及四个具有代表性意义的修行所，它们每一个都拥有自己的流派或者学派，正是这些流派或学派滋养着它们。另外，它们都有自己的大师和明确的信条。我在马萨诸塞州坎布里奇和印度艾哈迈达巴德呆了多年，在普纳的发展研究和活动中心（CDSA）呆了20年，现在是在位于普纳的印度之家里。在之前的修行所里，我只是流派中一个客体，如今，我已变被动为主动。也就是说，随着年龄的增加，我已经变得越来越具有权威性和决定性。事实上，这与建筑是相类似的，当一个人到了一定年龄，他就会变得更加强大。当他退休时，他也会变得更加投入，对自己所处的环境产生更大的影响。

学生的修行所：一个印度教徒的生活

正如我前面提及的那样，我对建筑的兴趣缘自于赖特的启发。通过赖特，我把眼光投向了密斯·凡·德·罗，然后再是整个欧洲学派。我的身边出现了许多伟大的建筑：利华大厦、杜勒斯国际机场、环球航空公司客运站、拉·托列特修行所、马赛的廊香教堂和马赛公寓、麻省理工学院贝克宿舍楼、哈佛大学的卡蓬特中心、联合国大厦、福特基金会大楼、纽约古根海姆博物馆、耶鲁大学建筑学院、马林县市政中心以及其他建筑。

勒·柯布西耶在建造昌迪加尔，保罗·索莱里在建造阿科桑地，赖特的西塔里埃森是我所渴望的地方。由赖特、奥斯卡·尼迈耶、查尔斯和蕾·伊姆斯、菲利普·约翰森、理查德·诺伊特拉、密斯·凡·德·罗、玛丽·奥蒂斯·史蒂文斯和托马斯·麦克纳迪、哈利·梅利特和保尔·鲁道夫建造的房屋都深深吸引着我。当时令我受到启发的是真正的建筑艺术。如今，能够触动我的则是人们对于建筑的描述。没有理论的支持，古怪的建筑形式是毫无意义可言的。要经过反复阅读，并参观了各种

杜勒斯国际机场

福特基金会大楼

建筑场地之后，我才有机会学习到真正的建筑。我父亲是佛罗里达大学的教授，那个学校就是一所很大的建筑学院。布莱尔·里维斯教授的第一个系列讲座就吸引了230个学生，而结业的学生只有16个。生存就是一个抗争的过程。佛罗里达大学的校园里到处是草地、树木和十九世纪中期的爬满常春藤的泥砖建筑。我们在格罗夫大厅学习建筑，那是在第二次世界大战期间为军官训练而建成的临时木质营房。营房旁边是一个池塘，池塘里面有短吻鳄。在那里，我们享受着大自然的美好，创意也如泉涌般出现。

更值得一提的是，我们拥有伟大的教师团队。布莱尔·里维斯、罗伯特·塔克、特平·班尼斯特、诺曼·延森和哈利·梅利特都引起我们的关注。他们用各种思想和难题向我们发起了挑战。他们允许我们提出任何想法、概念和议题，鼓励我们这些年轻人互相竞争。塔克在所有班级都开办了一个积极学生晚间讨论组。海勒姆·威廉姆斯是画家，杰利·尤斯曼是著名的摄影家，其他许多人则招待我们参加晚餐座谈会。我们的工作、睡觉和吃饭都是在格罗夫大厅进行的。布莱尔·里维斯和他和蔼的妻子对我们细心照顾，开启了我们对现代艺术和设计各个层面的认知，我们在他们的花园式院子里边走边谈。罗伯特·塔克是苏格拉底式的人物，是我们中的哲学家和老师，经常向我们提出问题。画家诺曼·简森改变了我的观点，他问我如果我是一只鸟会怎么样，并劝诫我要仅仅从平视的角度去素描。哈利·梅利特是伟人的化身，他是一位具有极大天赋和自信心的建筑老师，我们通过他那漂亮的建筑作品、他的工作室和他的讨论就可以学习到很多东西。教授梅利特指引我离开盖恩斯维尔的这个大学城，踏进了哈佛大学的校门。他把我推下悬崖，看我是会自由落体，还是会展开翅膀自由飞翔，结果，我飞起来了！

在坎布里奇，我是在麻省理工学院学习城市规划，在哈佛大学学习建筑，之后便在那里任教。另外，我还在何赛·路易斯·塞尔特的工作室里工作。他是我在设计研究生院的良师益友。在学习的第一个月，四五个表现不佳的学生就被劝离了，我们研究生班里最终只剩下了12个学生，当时的时光真是太难熬了。塞尔特是一个热爱生活的实际保守的理性主义者，身边总是围绕着人。但是，他不会在迟钝的人身上浪费感情，这些人最终会被扫地出门。他会在我们的稚嫩中寻找幽默，告诉我们"生活的笑话"，以此让我们看到自己的愚蠢。从他的笑容中，我们学会了思考。

我在帕金斯大厅生活了一年，随后搬到了 Irving 街，住进了由威廉·詹姆斯建造的大木屋里。他们说他是行为科学的发明者。朱莉娅·查尔德就住在两家之间，这两家则分别是卡明斯和艾略特·诺顿的家。

"真理"是我们的校园格言，也是我们那个时候所追寻的目标。哈佛大学和麻省理工学院都存在于经验主义思想学派的氛围当中，在那里，"真理只是看似真理罢了。"同时，坎布里奇也充满了欧洲思维方式和行为方式。赖特使用的都是天然材料，他把所有建筑都融为一体，而勒·柯布西耶和格罗皮乌斯则把建筑建在水晶般的白色柱子上。对他们而言，文明似乎位于大自然之上。欧洲人崇拜上帝、抽象概念和思想。美国人热爱大自然、野生动植物和季节的交替。格罗皮乌斯在退休之后仍会来访我们的工作室，提出各种问题。为勒·柯布西耶开发 Le Modulor（根据黄金比来分析人体各部分的高度，从而定出人体在空间上的需要，这个标准便成为"人体公学"的标准）的杰吉·索尔坦鼓励我们要"好上加好"。盘活华沙犹太区的约瑟夫·扎勒维斯基在塞夫勒街 35 号工作，他经常会盯着一张图纸发呆，并喃喃自语。艾伯特·萨伯是一位喜欢沉思的匈牙利人，他对待我们像对待自己的儿子一样。

在麻省理工学院，凯文·林奇唤醒我们去认识城市和城市经验，赫伯特·甘斯则与我们一起探索城市的社会生态学和人们利用城市的方式。

在教堂街塞尔特的个人工作室里，我主要负责哈佛科学中心项目，在布拉特尔街的新工作室里，我则负责各种细节工作。这些都是至今仍对我有所启发的非常严谨的理性主义建筑。在查尔斯河畔生活的年轻学者们过着比修道者更苦的生活！但是这恰恰反映出一种对真理坚持不懈的追求，这是一种达到完美之前的历练。在这个修行所里，现代意味着进步。我们虔诚地相信，历史是创新和问题解决的连续捷径。所有疾病都会被克服，贫穷可以被根除，国家之间的边界会被消除，世界会变成一个大家庭。我们都是"思考者－行动者"，为创建一个更好的世界，每个人心中都有一分压力。

尽管我是建筑师，但我还是跟随约翰·肯尼思·加尔布雷思学习经济学，成为了芭芭拉·沃德的门徒，并与她一起到希腊参加了在佐克西亚迪斯的游艇上举办的德罗斯研讨会。我们几个年轻人有幸结识了埃德蒙·培根、玛格丽特·米德、阿诺

京都国立现代艺术馆，桢文彦设计。

尔德·汤因比和巴克明斯特·富勒。几年以后，希腊成了我在美国和印度之间的休息地。杰奎琳·蒂里特在阿提卡的房子斯巴若扎（Sparoza）是我的真正寓所。帕纳伊斯·普斯木普洛斯是我生活里的老大哥，我们在可鲁纳基广场的咖啡厅里一起分享故事，一起品优质红酒，一起度过漫漫长夜。在欧洲度过夏天以后，我又回到坎布里奇，那里绿叶正不断地变换着颜色，从红色变成黄色，又从黄色变成橘色。在我的修行所里，我跟格哈德·卡尔曼、简·德鲁和罗杰·蒙哥马利一起授课。多尔夫·斯奈布利成为了我的好朋友。桢文彦成为了我的终身导师。简·德鲁和马克斯韦尔·弗拉住在伦敦格洛斯特广场，那里也是我经常栖身的场所，在那里，我有幸认识了他们的哲学家、作家和艺术家的朋友圈子。我跟弗雷迪·爱雅和斯蒂芬·斯彭德在艾伯特和维多利亚博物馆一起共进午餐，共享晚间时光，并在以简为主席的建筑协会里一起参加盛大的集会。我开始了解昌迪加尔，听简给我讲述伟人之间的爱情故事，并倾听现代建筑的第一手故事。

我的学生同时也是我的老师。汤姆斯·库珀、布鲁斯·克里杰和路易·吉佐尼科也是从佛罗里达来到坎布里奇，他们至今仍然是我灵感的源泉和值得依靠的人！迈克尔·派托克和优斯·戈沙是我的同学，也是我在塞尔特工作室的竞争者。26岁时，我被推选为哈佛大学的终身助理教授，成为了"教师参议院"的一员。就在那个时候，我的导师们警告我不要停下前进的脚步。约瑟·扎勒维斯基告诉我："你应该趁现在离开，要不然你以后会就此堕落的。" 杰奎琳·蒂里特斥责说："你知道太多名人了。你快要变成哈佛大学的迎宾员了！"

这座坎布里奇修行所是现代派的中心，这里居住着许多大师，比如格罗皮乌斯、塞尔特、米尔科·巴萨尔代拉及其他人。这里弥漫着浓厚的学术氛围。我们收集了大量的思想和概念，以此来度过智慧的一生。我们知道，当你打开一扇知识之门时，会有十扇甚至更多的门为你打开。但是，真正的学问并不是通过这些门获得的，而是从那些拥有精彩人生的人们那里获得的。他们对永恒的理解和他们在历史中所处的地位都是令人惊奇的。这会促动我们踏上漫长的追寻之旅。因此，当我的导师巴克里斯纳·多西叫我去艾哈迈达巴德时，我毅然从哈佛大学辞职，踏上了伟大的冒险之路。

开办学院：一个房主的生活

在艾哈迈达巴德，多西给予我灵感，给予我鼓励。我1968年至1969年期间在那里就读富布莱特奖学金课程，在离开数年之后，我又再次回到这里任教。他在1971年底叫我回来开办这所规划学院，并鼓励我开办自己的建筑工作室。在那里，我获得了第一批设计委托项目：艾哈迈达巴德的法语联盟、巴奴本·帕雷克博士在巴夫纳加尔的家、为贾姆纳加尔数以百计的家庭建造廉价房、德里外围及加尔各答的两个SOS儿童村。另外，我还为世界银行在金奈设计了Site and Services Shelter这个项目，我们在阿拉姆巴卡姆首次试建时，为五千个家庭提供了住房。之后，我们在维利瓦卡姆又建了一万套住房，在其他地方，房屋则是由居民亲手建造的。

在艾哈迈达巴德，我们只能使用有限材料——混凝土、砖头、软钢窗门料和当地玻璃。我们用混凝土和当地石头来制作地面。我尝试利用这些材料雕刻出互相结合的视觉空间，创造出欢快的社会空间，再利用这样的背景来引导我的设计。两层楼中心的混凝土圆柱、悬壁式的阳台、一座桥、天窗和插件化卫生间会让一座建筑活跃起来。这些都是引导我创作的因素。

与之相对的是 1973 年以后金奈的大量廉价房计划。这是我与世界银行的肯尼斯·波尔和唐纳德·斯特隆博姆的首次合作。在这里，自助建设和最高效的布局决定了设计的基调。平面图结构越窄越深，所有基础设施网络的长度就会越短，这样就会减少成本。这使整个项目的费用变得更低，对城市低收入家庭而言也变得更加经济实惠。在这些小区间中，人们建造自己的居所，拥有土地所有权，他们的劳动和储蓄都不会付诸东流。这种形态成为了全球世界银行的一个范本，被使用和误用！为世界银行设计的另一个挑战性项目就是加尔各答的贫穷改善项目（Busti Improvement Scheme）。在这里，我们依据现状改善了健康和卫生水平以及安全舒适水平。我们为临时住所修建了道路，在街角安装上路灯，为人们设置了公共洗浴场所和单独卫生间，从供水处引入了饮用水，增加了雨水渠系统。数以千计的家庭因此过上了更加幸福的生活。在加尔各答，我认识了著名的城市规划专家斯瓦拉马克里斯纳和实践主义城市开发专家亚瑟·若欧。

在艾哈迈达巴德，我第一次自力更生，并以一家之主和老师的身份生活。在艾哈迈达巴德这个修行所，西方现代主义运动和"印度传统"的追寻是互相结合的。巴克里斯纳·多西、哈什莫科·帕特勒和阿南特·瑞吉都是我的恩师，查尔斯·柯里亚、阿奇亚特·科维德和劳瑞·贝克都是我的导师，他们都给予我很大的指导。

但是在艾哈迈达巴德，我也必须成为一个老师！多西让我开办一所规划学院，他说："做就行了！利用好你在哈佛大学的教学经验就可以了！"为了支持我们的工作，福特基金会为我们提供了大量的图书、客座教授和办公设备。忽然之间，我必须独自制订课程表、雇用教授以及到印度各处寻找好生源。我必须制订教学计划、制定规则、尝试给自然混乱找到一种秩序感。我的办公室助理巴德威吉说到："这不是规划学院，它是问题学院！"这句话形容得很贴切。

规划学院是一次很重要的经历。它招收建筑、工程学、社会工作、人文科学和技术这些学科的学生，这完全颠覆了新德里土木工程师、地理学者和建筑师的学历评审制度。我们都是通过"实验室"进行教育，而不是在教室和工作室里进行教育的。

学生和老师生活在村子里、农村城镇里和贫民窟里，我们向当地的居民学习，与他们一起规划未来。理论学科是跨领域的，其中包含了经济学家、管理者、社会科学家、社区领导者和技师。在贾斯旺特·克瑞什纳亚的帮助下，我们在印度引进了社会科学调查、国家政策和决策之间的首个计算机网络。在尤根达·阿拉奇的帮助下，我们起草了印度第一个分区规划。这已经是 1972 年的事情了。我们在多学科综合小组里工作，在那里，老师是学生，学生亦是老师。毕竟我在开办规划学院时，只有 28 岁。我在马萨诸塞州坎布里奇的生活是在真理、经验主义和发展方面的修行，在艾哈迈达巴德则是在奉献、社会转变和热心服务方面的修行。我们的战斗口号是"各尽所能，按需分配"。在艾哈迈达巴德，"现代"这个词语的意思是转变，而不是进步。我们想要造就一种"新人类"，并设计一种"新文化"，我们甚至想引发一场革命！

发展研究和活动中心修行所：一个独修者的生活

法桑特·巴瓦是一位有点古怪的行政人员，他出乎意料地主动报名参加了新修行所建设项目。他采纳了我提出的建造海德拉巴声调发展机构（HUDA）的提议。他希望我来设计 HUDA 的首个项目。这是为安得拉邦政府的 2000 名四级官员打造的新城镇。12 个工会形成了一个房屋协会，他们希望根据自己的能力建造住所。这些人非常牢靠，并且能够获得住宅信贷，在他们的协力帮助下，我们在靠近海得拉巴的尤苏福古达建造了一个含有 2000 套住房和便利设施的城镇。这个计划为每个服务通路网提供了 100 平方米的地块，每块地块都有一个水龙头、一个独立卫生间、一个沐浴隔间和一个房间。这些房子有一个秘密的事项：房屋所有者可以增加更多的房间，并把它们租赁给那些经济条件较差的亲戚和邻村人。"有组织的非正式行业"房屋租赁市场就快速形成了。五个家庭可以合用一套厨房、浴室和厕所。无法利用土地或机构融资的低收入成员也因此得到了满足。房屋拥有者摇身一变成为了低成本的房屋经理。租赁市场由此产生了。70 年代早期，我负责了金奈 Site and Services Schemes 项目，根据古吉拉特邦建屋发展局提出的要求为经济条件相对较弱的群体建造了一个住房小镇，这个项目就是利用了我当时所总结的经验。从这个项目中获得的好处成为了我脱离多西的怀抱、展翅高飞的机遇！我本来想要开办自己的工作室，而这个项目正好为我提供了经费。因此，我在普纳的发展研究和活动中心（CDSA）诞生了。

1976年，我来到普纳开办CDSA时，已经33岁。这是我的第二个研究所。这也是一个咨询调查和社会活动的场所。新园区的设计效仿了艾哈迈达巴德的法语联盟的风格。朴素自然的混凝土梁和窗槛花箱、当地的天然石材、陶土瓦屋顶，以及新引进的粉末包覆的推拉式铝门。再就是勒·柯布西耶提供的大排水口以及赖特和卡恩提供的天然材料。随后，我开始独立设计内外空间，寻找人体尺寸，连接各个空间，设计景观。在CDSA的顶峰时期，我在普纳、不丹、果阿、北方邦的阿尔莫拉、贾夫纳和斯里兰卡加勒的办公室共事的年轻专家就达到了80多人。我们一起准备城镇规划，贫民窟改善项目，村庄、行政区和地区规划。我们倡导微流域规划、微级社会服务规划、分散规划和参与式规划。我们想要改变现实，我们要成为"思考者－行动者"。

在CDSA的20年里，我开发项目、实现项目、促成项目，我所做的一切都是要让人们脱离贫穷。我们大多数观点都得以实践。我们团结合作，我们把村庄和贫民窟当成我们的实验室、教室和老师，我们从所有学科当中汲取知识。CDSA只是一个有效网络的一部分，这个有效网络包括了印度规划委员会、国际住房银行、住房和城市发展公司、城市事务部门。另外，从全球角度上来看，我们还与内罗毕的UNHCS、马尼拉的亚洲发展银行和华盛顿的世界银行进行合作。

CDSA的新规划学院是以艾哈迈达巴德开创的教学技术为基础的。现实世界变成了学习实验室。学生居住在贫民窟和村子里，亲身体验，以便于制定相应的规划。贫穷、可持续性和不平等都是引发辩论的主要焦点。其中会涉及到"压力识别"方法、问题确认方法、程序设计和监控开发输入结果的方法。在CDSA，"现代"代表着有计划的改进和有利的转变。它包含了民间团体、非政府组织、政府和人民。

在CDSA待的最后一段时间里，我对设计和建筑的兴趣又再次被唤醒了。在印度马辛德拉的联合世界学院这个项目中，我可以运用我的建筑语言，此时我发现了一种新的诗意。石墙犹如巨大的环山一样耸立到空中；在街头小径行走时，湖泊和溪谷就会映入人的眼帘；小隔断、大隔断、低天花板和高天花板相互交错，俨然组成了一个衔接有序的建筑构架。

我本来只把精力投入在自己的工作室上，而哈里什·马辛德拉的委托则让我再次走进社会，成为艺术创作者。我的学术生涯由此结束了，我放弃了老师和一家之主的角色，走向了更加精神化的阶段。CDSA 这个修行所是停泊的地方，又是起航的地方，在这里，思考者－行动者们为了改变世界，以乐观的热情探索出了更多重要的行动方式。

印度之家修行所：一个哲人的生活

可能与 CDSA 或 CEPT 相比，印度之家更算是一个真实的修行所。与哈佛校园或者麻省理工学院的永无止境的长廊相比，它更像是一个归隐地。它本身就包含了住所、宾馆、画廊、办公室、工作室和用于文化活动的公共场地。你甚至可以在小型健身游泳池里游泳，在里面生活数周，而不用跨出大墙半步。这是我真正的森林隐居地。

印度之家里负责设计和设计管理活动的是 50 几名富有创造力的人员。这里就是启动新项目，完成旧项目的地方：不丹的首都规划，加尔各答的印度管理学院，孟买附近的萨穆德拉海事研究学院，Nilshi 基督教青年会基地，普纳 Suzlon One Earth，工程学院的工作间，廷布国家礼仪广场，瓦尔达的巴贾杰科学中心，不丹最高法院，孟买附近的 Aamby 国际学校，塔塔斯的超级计算机实验室，普纳的卫生、生命科学和医疗中心，Udgir 的生活护理医院以及其他项目。在这个修行所中，年轻人会获得自信，并且会不辞辛苦地工作。在这里，我在由我的思想、草图、设计概念所构成的神秘世界里随意邀游，充分利用可信赖的技术。这里不仅是艺术和建筑中心，也是一个自我发现和完成超越的地方。

在印度之家，我才有机会静下心来写这本书。我沉下心来阅读了由印度时报集团发表的一系列与城市化相关的文章。几乎每个月都有新设计项目启动。建筑师们都甘于奉献，发挥自己的独创力，创意源源不断，从未干涸过。

遗　产

如果你是一位建筑师，那么你真正的遗产就是前辈们的爱和激情。当你表现优秀时，你的师傅眼里会露出笑意，而当你表现糟糕时，他的声音里会夹有怒气。你的遗产就是在过去数年中、数十年中、数个世纪中所建造的一系列建筑，它们都与本身所处的位置达到了完美的融合。你的挑战就是要在工作过程中真诚地表达自己，并让这种真诚融入到建筑中去。当你达到这种水平时，真正的艺术品就是你自己所收获的礼物，也是你给未来的人带来的财富。

幸运的是，我拥有很多伟大的老师、导师和师傅。我最大的运气就是拥有优秀的学生、朋友和一位甘于奉献的爱人。我一直不断地追寻，寻找他们的身影。我偶遇过很多人，很多人也发现了我。从他们身上，我收获了一种对建筑的热情和一种对生活的热爱。我学会了生活就是一个共享的旅程。被称为建筑的这片战场不断地向城市和区域规划、文化保护和环境管理中渗透，在这片战场上，我在兄弟情谊和友情的包围下茁壮成长。

馈　赠

在缅甸边境的米佐村落里，我路经了一个手绘的标牌，上面写着"你已经游历至此，肯定会留下某些或好或坏的东西！"我认为，作为建筑师和设计师，我们留下了一个巨大的脚印。不管好与坏，它都是对未来的一种馈赠。我们规划城市、建造校园、创作石头和混凝土浮雕，我们塑造了人们教学和学习的方式。当人们离去，或者他们哭泣时，我们仍在那里。我们死后数年，他们欢笑和感受爱情时，我们仍在那里。我们会继续接受不同的项目，我们的客户也会经常变换工作，但是，真正继承我们财富的人是那些利用建筑和空间的居民们。我们希望我们那微薄的遗产能够被未来所尊重，我们建造的大楼反映的是我们对永恒的期许。我们希望，未来的人们在居住和工作时、在享受我们的设计创意时，能够充分感受到我们的激情、感受和人性化。

(2010 年 6 月《Insite Magazine》第 3 卷第 5—6 号)

信件 3
生活教给我的五节课

Five Lessons Life Has Taught Me

第一课

要想获得某些美好的东西，你必须要放弃其他美好的东西。

有一天，我正坐在我的花园式校园里，身边围绕的是 15
英亩的果树、花和草坪，在毫无准备的情况下，一个建筑学学
生走了过来，坚持要跟我合照。和许多参观校园的学生一样，
他正在研究我的设计和我的校园布局。在那个时候，我的有关
"开发"的第 15 份指导文件正处于收尾阶段，这件事情让我
突然意识到，学生们在读完我那厚重的指导文件后，竟然没有人主动找过我拍照！

在我们面对相机做出微笑的表情时，我毅然决定放弃我的创建者兼主任的身份，
把我的生命奉献给建筑业。除此之外，我还必须放弃我建造的广阔校园，带着简陋
的设备走进狭小的公寓式工作。自从做了那个冲动的决定以来，我从未感到过后悔，
或者回过头回忆一下过去。但从那以后，我必须放弃我自己耗费 20 多年拼建出来
的梦幻世界，利用我的艺术来寻求超越。在放弃某些美好的东西后，我发现了更加
美好的东西。

第二课

是，而不是看起来是。

2001 年 10 月，我与一些最伟大的画家、摄影家和我们那个时代的建筑师一起

作者设计的工作室项目

参加了欧洲双年展，在那里我就不丹的新投资计划做了一下陈述。我注意到了某些非常有趣的事情。在欧洲，如果你想让自己看起来像"具有创造性的艺术家"，你就必须穿着艺术家的统一黑色制服！如果你想成为一个具有创意的年轻人，你就必须参加摇滚音乐会，像其他年轻人一样，双手在空中挥舞，假装表现出自己的自由心态。要想与众不同，你必须穿着具有独特风格的制服！你必须一身全黑，穿黑色鞋子，穿黑色袜子，穿黑色裤子，扎黑色腰带，穿黑色衬衣，系黑色领带，穿黑色夹克。可能你的内衣也必须是黑色的！我意识到，对于这些人来说，可能对全球的大多数人来说，特立独行并不是思想解放的一种形式，只是一个生活的谎言而已。有些所谓的创意者穿着黑色制服，但他们却从未设计任何东西、从未写作任何东西、从未画过任何东西、从未追求过任何东西、从未质疑过任何东西。他们根本算不上创意者，只是看起来像而已。如果让我给年轻学生们分享某种经验，那么我会告诉他们：是，而不是看起来是。

第三课

有人表扬你时，不要沾沾自喜；有人批评你时，亦不要心情落寞。

佛教思想中有 16 空，我从中学会了让自己的心境保持空灵。当我的设计荣获了 2000 年度美国建筑师协会奖时，我非常兴奋。我本来已经进入年度 Aga Khan 建筑奖的候选人名单，但还是被淘汰了。我意识到，我的幸福感来自于设计过程以及我对于劳动成果的内在美的理解。在那个时候，我一直把自己设定在"空"的状态，我了解到，战胜我们的那个项目被取消了资格，作者们声称那是村民们的设计。但是，我一点也高兴不起来。我知道，创作是一个耐心追寻的过程，而不是竞争的过程。要想忠实于自己的艺术，你就必须在面对表扬和批评时保持清醒，真正地了解自己。

第四课

真理是所有艺术家追寻的终极目标。即使如此，我仍然感觉，追寻美好的事物要好过知道真理。

我用太多的时间来区分伦理学和美学，道德和艺术事实上是相互平衡的。伦理学是关于各种规则、关于对与错的精确科学，这其中必定有着某些通用的真理。然而，世界并不是由黑色与白色组成的，而是更倾向于灰色，模糊而不容易辨认。

另一方面，美学是对快乐的一种追求，我把这种快乐称为"美好"。美学是一种平衡的问题，或者是佛学所说的中道（Middle Path）问题。美好是对中庸之道的一种追寻，对和谐的一种追求，这会让所有的视觉愉悦、感观愉悦和心灵愉悦达到平衡。和谐即是我们的追求。

如果你喜欢美食，不要吃太多；不要过多使用调味品；烹调时间不能过长也不能过短。如果你喜欢红酒，不要喝过多。你不能因为自己的喜爱而变得过于热情或过于疏忽。好生活或者甜蜜的生活涉及的就是快乐和快乐原则。我意识到，我们大多数人受困于对快乐的恐惧中，根本不了解美的哲学。

我们无休无止地追寻真理。我们评判别人，分辨对与错；至死都没有感受到幸福感，也从未把这种幸福感传递给他人。艺术与建筑就是通向"美好"的精神之路。它们鼓励享受、鼓励快乐、鼓励和谐、鼓励甜蜜的生活。在有生之年，与知道真理相比，追寻本身的意义更大。

追寻美好的事物要好过知道真理。

第五课
好运气只有一种形式，就是拥有好老师。

多年以前，已经转变成大型 Thermax 公司的 Wanson Industries 的创始人阿迪·博哈特纳向我引荐了他那 90 高龄的老师。阿迪本人也将近 80 岁了。我们坐在赛马俱乐部的草坪上，阿迪向我讲述了自己在 40 岁放弃舒适的工作来到普纳进行新冒险的故事。他向我讲述了他的中产阶级背景，并告诉我，他并不是自发走入这次金融大冒险的。他朝老师笑了一下，说，如果没有老师的鼓励、指导和保证，他现在可能还在推销 Godrej 的产品呢。随后，他转向我："克里斯多弗，这个世界上只有一种好运气，就是要拥有好老师。"这由此让我想到了某座山上一位智者说过的话。多年以来，我从未忘过那条真理，而且我发现，我在印度和美国的所有老师都是我的"好运气"。

(2005 年 3 月 5 日出版的 *Maharashtra Herald* 中 Sunanda Mehta 的采访稿)

信件 4

不确定的旅程：建筑师的学习之旅

An Uncertain Journey: The Education of an Architect

年轻人自从决定学习建筑那一刻，他们就已经开始了一次旅行。最初，那只是由魅力、图像和希望所引导的不确定之旅。

他们在教室、在工作室、在与同学的互动中、在与在职建筑师的接触中，逐渐地为自己的未来奠定了基调。他们开始倾听建筑师的故事；他们参观建筑师们的房子，走进有趣的工作室。经历了这些之后，他们逐渐地把自己想象成某种形象。有些人崇拜英雄，有些人沉默无声，有些人则成为自己生活中的英雄。慢慢地，这些学生开始绘制自己的现实蓝图，踏上自我发现的旅程。这应该是他们生命中最美妙的时刻。

作为老师，我们在他们的自我发现之旅中发挥着重要的角色。我们要把他们引导到正确的道路上。最重要的是，我们要给学生以启发。我们要让他们获得自我洞察的能力，发现自己身上尚未开发的东西。就像我经常说的那样，生活中只有一种好运气，就是拥有一个好老师。

对许多学生而言，这个经历是令人愉悦的，是具有超越性的。作为成年人和智者，我们可以从宏观的角度整体地看待他们，从客观的角度指引他们走向特定的道路。我们可以看到他们的劣势和优势，帮助他们改善前者、强化后者。

他们的教育过程中存在一个重要的拐点，他们可能会产生"成为一个专业人士"

的想法，他们也可能会产生"成为时尚人士、尊贵人士或名人"的想法。这是我们的教育第一次对年轻建筑师失去了作用。

作为导师和指导者，我们不得不问："年轻人进入建筑业的原因是什么？"我对此提出了几条可能性原因：

旅程一：
"我的父亲是一位建筑师，我打算进入家族性企业。"

旅程二：
"我在报纸上看到了一位建筑师的照片，凑巧的是，我第二天就看到他从一辆奔驰汽车中走出来。我想要成为富人，成为名人。"

旅程三：
"我喜欢沉静、充满艺术感的生活，坐在由植物和图画包围的工作室里沉思，艺术气氛萦绕在身边。"

旅程四：
"我想要学习医学，但我的毕业分数太低；随后我就尝试电子工程学，但我在入学考试中失利了；因此我就选择了建筑。"

旅程五：
"我的父母想让我跟知名的专业人士结婚；他们只是想让我毕业之后能够找到更好的另一半。"

旅程六：
"我想移民去美国，我认为建筑是最好的途径。我一毕业就会申请南达科他州的研究生，获得签证，然后离开。"

旅程七：
"我的美术老师指引我学习建筑。他给我看了一本关于弗兰克·劳埃德·赖特的建筑的书，这本书深深地震撼了我，赖特瞬间成为了我的榜样。"

旅程八：
"我想在获得可观收入的前提下为社会服务。如果我提升自己的技能、研究技术系统、了解各种材料、学习职业道德，我就可以成为一个非常厉害的专

弗兰克·劳埃德·赖特的塔里埃森基地

业人士了。"

　　作为老师，我们需要知道与我们的学生产生共鸣的地方以及产生分歧的地方。我们如何接触到他们的生活？我们在改变他们的过程中存在哪些限制？沿途中，我们可以给予他们哪些小礼物呢？在旅途的某个衔接点上，我们会对他们产生一点影响吗？如果我们不成为他们的朋友和密友，我们可以做到这些吗？我们能把这些从个性和校园活动中分离开来吗？我们能从表现最差的同事身上看到优点吗？我们能够帮助他们成为更好的老师吗？我们能够在与智者保持距离的情况下，继续传递价值观、灵感、敏感性和认知力吗？

　　从更大范围来说，学习的课程就是一条公路，或者是一条高速路，我们的学生就是这条路上的赛手。它有许多车道、许多入口、许多出口。这条路可能是单调乏味的，也可能是令人兴奋的。它可能是一条平坦、风景优美的道路，也可能是一条崎岖不平、弯弯曲曲的道路，这都是由教学质量来决定的。

我觉得，作为老师，我们可以授予学生两种礼物：

一种就是帮助年轻人确定自己的形象。我们要给他们提供某些他们可以树立的形象，教给他们如何把内在力量和价值观转变成一种"生活"和一种对社会有意义的角色。这是人与人之间传递的非常私有化的礼物。我们称之为灵感。但是我们的集体礼物，我们的共同目标必须贯穿于整个课程内容、必读文献、项目的意义和我们为他们创造的经历中。我们必须善于教授这门课程，使它变得生动有趣。

简而言之，我们必须让他们在基础知识、必要技能和基本价值观上打好基础。作为一个团队，我们必须确定好需要传授的技能、知识和敏感性。

我可以拿医学教育和建筑教育做一下比较，年轻医生会掌握格雷氏解剖学，熟悉神经系统、骨骼系统、循环系统、细胞和它们的养分以及所有控制、监控和修复这个复杂系统的器官。我确信，在建筑课程的前九个月结束的时候，我们的学生会感到对每座建筑中的电气系统、管道系统、空调系统、结构体系和功能体系毫无头绪。即使临近毕业，我们的学生也不能说是完全准备充足。建筑的历史并不是由所有被建造的建筑组成的，而是由各种结构组成的，这些结构会给我们带来一种新视野、一种新材料、一种新技术或者一种新的空间感。我很怀疑有多少年轻建筑师能够具备完善的知识，有多少年轻建筑师知道他们可以为谁做贡献，或者知道如何运用自己的发现。

我甚至怀疑我们的年轻毕业生徒手绘画和素描的能力，怀疑他们快速研究选项和使解决方案概念化的能力。大多数年轻人是在 2D 计算机屏幕上想象 3D 图像。我们把现实世界和虚拟世界进行密切结合了吗？

学生们知道和谐、比例、规模和平衡的价值观及设计逻辑吗？

他们知道建筑师可能会成为那些只关心市政规划的建筑商的宣传者吗？他们知道可以获得多少战略投资基金吗？我们使他们处于城市化进程的影响之下吗？在建筑师、建筑商和规划师共吃一碗粥的时候，有多少人可以拥有美好且诗情画意的生活？

我们的毕业生知道建造一座真正的建筑物需要多少个步骤吗？

他们知道在这个由各种程序和各种预期结果构成的迷宫里自己可能要扮演众多的角色吗？

我们花费了太多的时间来尝试教授那些我们无法传授的东西——创造力，反而很少教授那些我们能够传授的东西——知识、技能和敏感性。由此导致的结果就是，我们的毕业生对工作室的工作产生了极其错误的理解，他们缺乏真正的工作技能。许多人会认为，在工作两至三年后可以开办自己的工作室，接手大项目。然而，他们并没有做好低薪酬和工时过长的准备，而这些是注册会计师、年轻医生和律师在学徒期都会遇到的问题。我们也没有正确地指导他们，让他们为未来必须面对的事情做好充分的心理准备。

我们给学生的最大礼物就是让他们明白，他们永远都是学生。我们必须教给他们如何成为锲而不舍的追求者和学习者。我们必须让他们认识到，打开一扇知识之门，展现在他们面前的是通往更多知识之门的道路。

我们必须让我们的学生和年轻建筑师回归根本。我们必须让他们成为有责任心的、有能力的、敏感度高的年轻专业人士。我相信，只要我们共同努力，我们一定会交出一份令人满意的答卷。

(2009 年 1 月 16 日在孟买 Rachana Sansad 建筑学会发表的演说)

概念到实践

Conception to Realization

信件 5

寻找建筑

In Search of Architecture

　　人们在社会中会产生各种不同的心态，他们会抨击社会、质疑社会并最终统治社会，建筑也会受到这些心态的影响。社会不断变化，建筑师的足迹却依然留存，他们把每个社会的形象都遗留给子孙后代，每个时代也因此被大家记住，并演变成一种传说。

当代建筑

　　如今，由潮流驱使的市场在很大程度上塑造了我们的生存环境，建筑师的主导性地位不断下滑。现代文明似乎受到了表象的迷惑，一味追求"包装"，反而破坏了建筑的整个大环境。当代建筑风格被视为一种表面装饰——功能性的内部由各种材料包装起来。从某种程度上来说，城市恶化和城市的丑陋是经济和政治之间的互动产生的，这种互动也就决定了建筑师在当今社会的地位。通常，当代建筑风格是对唯物主义的一种逃离，转而逃向一种浮浅的娱乐主义，或者可以说是一种自我欺骗。它面向一种所谓新型的创造方式，而事实上这反而暴露了思想的匮乏。应毫无品味客户的要求，建筑师提供的全是那些所谓流行的风格、颜色和质地，建筑物从头到底都是合成品。然而，建筑风格需要的是对人类尊严的保证，对建筑材料和技术的真实体现，对价值的一种追求，现代设计所推崇的疯狂刺激与之完全相反。

资助者的角色

有人肯定会这样说,人的本质是好的,肯定有资助者会唤醒建筑师们内心的良知,美好也就离我们不远了。然而,无论资助者对建筑风格有多深的信仰,是否创造美好的事物是由他们自主决定的,这种美好也将是他们奉献给社会的永不褪色的礼物。在当前这种漠然的大环境下,只有经过挣扎与斗争,建筑才能换来和平与宁静的领域。在这些领域中,建筑风格逃脱了时间的束缚,丢掉它的机械化形式和极度的包装,换成一种诗情画意和神秘的色彩。环境的即时性和它们的诗意气氛会向人们展示出最真实和最基础的东西。建筑师必须渴望建造一种超越包装诱惑的持续的空间区域。

建筑与时尚

在世界的价值观遭到破坏的时候,建筑会重新激起了它的热情。当文化对人性和我们的环境展开最强烈的攻势时,建筑必须对未来有信心——未来可以修复一个被浮浅的装饰风格所冲击的世界,未来也可以挑战一个被自我放纵的视觉信息所淹没的社会。当建筑风格舍弃潮流,开始踏上独特的追寻之路时,它也就不仅仅是一种包装了,它逃离了嘈杂喧闹的世界,回归到了现实。

建筑与环境

我自己对建筑的追求是在广阔的西高止山脉、在大自然、在绿树成荫、在一望无际的地平线、在毫无人烟的土地上被重新激发出来的。那些无边无际的荒山存在一种令人窒息的美,它们那孤寂的形象至今仍会震撼我的心灵,这种孤寂与城市中的桀骜不驯是截然不同的。山峰总会展现出令人不可思议的色调和形态。在炎热的季节,它们不会给你提供庇荫之处;在雨季,它们不会给你提供遮风挡雨的地方。在这样一种环境下,人是不可能躲藏在时尚潮流之中的。

这些山峰在村落上、湖上、河流上和广袤无垠的土地上留下阴影。阴影之间重重叠叠,逃离了人为的经济冲击,产生了一种具有强大动力的超越景观。城市中的人为包装完全不适合这种情境,在这样一种状态下,建筑必须抵抗城市的诱惑,而不是一味地满足它们的要求。在这种激励人心的情境下,我创建了自己的 CDSA 学院以及后来的印度马辛德拉联合世界学院。

设计原则

面对这样美好的景观，我尝试寻找一种有意义的建筑方式，寻找某些永久性的原则。为此，我决定保持这里的天然性，与大自然为伴，远离时尚。接下来我会详细地说明这些原则——我觉得建筑应该遵循的价值观是：

环　境

一座建筑应该是它所在环境的一部分。它应该符合周围环境的规模、比例、质地和颜色。它应该与当前的运动系统、轮廓和视觉背景相融合。

规　模

建筑物应该存在一个人体尺寸。居民或者旅行者迎面看到的应该是柔和的景观和大门，穿过低矮的空间或门厅，然后进入重视人体尺寸的更大空间。另外，建筑物内还应该有像窗户和门这种按比例设置的装饰物，或者像排水管之类的装饰物，它们会在石墙上印上对比强烈的影子。

比　例

建筑物是各种要素和装饰物的组合物。它们之间必须相互关联。物品的大小、尺寸和摆列以及各种要素的位置必须与整个系统相融合。就像人体一样，每种事物都有自己的摆放位置、自己的恰当尺寸，并会与其他部分产生关联。看起来稀奇的事情必有其深奥的逻辑性。

简　单

提到爱因斯坦，人们经常会想到这样一句话："天才是使复杂变简单，而不是使简单变复杂。"在建筑中，要想追求简单化，我们就必须定义一种语言。对一个建筑物或一所校园的每个要素（支撑／跨距／围墙）来说，我们必须确定想要使用的简单术语，并坚持使用。有人可能会把"支撑"称为"石头承重墙"；有人可能会把"围墙"称为"玻璃滑墙"；有人可能会把"跨度"称为"斜瓦屋顶"。无论你用哪种术语，你都要谨慎选择，并坚持使用。

天　然

我们应该使用天然的材料，表现出它们的内在美。气候、预算和环境可能会对

天才是使复杂变简单，而不是使简单变复杂。

材料的使用产生一定的影响；我们可能必须在砖墙上涂一层石膏，并在石膏上刷上油漆。但是，我们应该使用天然的颜色——土色。我们的建筑物不应该过于装饰，也不应该涂上过于鲜艳的颜色。我们应该强调它们的自然美，并使建筑风格与建筑物的外围环境相融合。天井、方院、走廊和门廊的设计都是为了达到这一目的。

功 能

建筑物拥有特定的功能，同时也包括更加重要的功能系统。它们需要被划分成长跨度和短跨度；喧闹区和安静区；公共区域和私人区域。这些区域必须由一个适当的人车通道系统连接起来，其中，车行道与人行道分离，服务区与用户区分离。

装 饰

建筑物并不仅仅是居住用的工具，它们超越了机械上的必需性。但是，这种超越的实质一定不要与人造珠宝的光辉和浓艳的妆容混淆在一起——这是一种内部装饰。更进一步来说，我们可能需要寻找那些能够解决小麻烦的"装饰品"或"物件"，比如排水管、圆柱、台阶、座台、小窗户、门、雕像、浮雕和门楣，这会为我们的劳动成果锦上添花。这些物件虽然属于附属物件，但它们在很大程度上描述和修饰了我们的建筑语言。此外，这些细节必须能够达成一致，必须能够使建筑物的主体结构达到平衡。

在设计马辛德拉学院时，我一直处于挣扎状态，这些原则在很大程度上解决了我的苦恼，我可以由此来克制自己。每个年轻建筑师都需要拥有自己的原则，以此来检核自己的工作。

(这篇文章写于 1998 年 4 月初，论述了印度马辛德拉联合世界学院的设计，为此，克里斯多弗获得了印度 1998 年度最佳设计师的称号，并获得了美国建筑家协会和《商业周刊》颁发的 2000 年度建筑记录奖)

信件 6

生活的永恒之道

A Timeless Way of Living

在建筑中，我们经历了一个"哭声最大的孩子就能得到牛奶"的年代。也就是说，建筑师们像孩子一样利用大吼大叫来吸引别人的注意。外观建筑——利用时尚的包装材料对建筑物进行包装——非常流行。时髦的西方建筑师是在"推销风格"，而不是在做建筑。他们建造的所有建筑物看起来就像是一个模子里刻出来的。

这些建筑师只是在玩视觉建筑，根本不考虑建筑物的质感以及建筑物与大环境的恰合度。常识、环境和结合自然都被抛到了脑后。换而言之，建筑正处于历史的低谷，大多数实践者都在追求风格和粗糙的流行。这种糟糕的品味受到城市里媒体的驱使，然后逐渐扩展到了小城镇。这就是一种中心带动边缘的现象，越来越多的能量积累在中心点，直到整个系统崩溃。与中心点相比，外围部分则表现得更加冷静沉着。通常而言，更具创造性的成果往往会出现在艾哈迈达巴德或普纳，而不会出现在孟买，更不会出现在纽约。年轻建筑师总是无法切身体会当地居民的真实情况，当他们在中心位置寻找真理时，他们只会得到难理解的理论，却无法得到创造真正艺术品的相关工艺和方法。

在过去数十年里，年轻建筑师成长于一个数字世界里。他们的建筑体验都来自于虚拟现实：3D 和 2D 电脑屏幕。尽管这超越了视觉世界的极限，但它抑制了经验建筑的发展，经验建筑不仅拥有其真正的视觉标准，同时也拥有触觉、嗅觉、听觉、序列和动态方面的测量标准。在当前产生的不和谐的单调中，我们可以发现年轻建筑师产生了这样的疑问：建筑是什么？他们想要知道建筑的现实含义。

循序渐进的自我教育

建筑中的教育是对建筑现实含义的一种追求。这种现实含义构成了教育和实践的基础，对此，我列举以下几个方面：

1. 建筑是被建造的，它是一种建造，也是一种技术。

2. 建筑是对功能性需求的一种回应，它是一种拥有性能标准的产品。

3. 建筑是社会行为。每座建筑都会对社会环境有所给予或索取。从最基本的层面上来看，最大容积率的开发成为了建筑师们"社会承诺"的一个指标。同时，建筑师们也可以建造新的公共领域。他们可以创建学校，以此激发居民的学习气氛；他们可以把大自然带进人们的日常生活中；他们还可以建造社会性住房。

4. 建筑是一个经济分析练习题。每个客户都会对建筑物的经济价值进行评估，比如是否会给某个家庭带来幸福或者给某所学校带来灵感。

5. 建筑是一门历史，它在一定程度上代表了某种经久不衰的行为方式。它是当前的一个进程，它回顾过去，创造将来。

6. 建筑是诗，它最终会超越硬性的规则。它一定会表达出某些并不明确的人类状况。它也一定会提高人类的精神境界，激发他们的好奇心。

建筑离外部物质性只差一步远。它存在于我们的经验感知里、我们的短暂记忆里和地域的特性里。

关键的地域主义

我感觉，世界上的每个国家以及每个国家的每个地域都有其独特的建筑表达方式。所有真诚的建筑师都会努力去解决某些基本问题，他们会在材料、人体尺寸与比例的应用、与大自然的融合、环境内的附属物、意义感、居民的地方感等方面追求真诚的表达。所有这些特性都是在当地传统建筑物和社区的研究过程中被发现的。我们不需要到伦敦去寻找建筑风格。每个地域都拥有独特的建筑秘诀。班加罗尔、科钦、奥兰加巴德、艾哈迈达巴德、金奈、普纳、加尔各答、德里和许多其他地方

作者还是学生的时候，曾到访过菲利普·约翰逊的玻璃屋。

都是拥有强烈地域气息的区域中心，在这些地方，建筑师可以学习到很多建筑经验。为什么我们在学习建筑时不首先研究自己所在地域的方言结构呢？所有的秘诀是否都近在咫尺？方言文化中存在许多种类和来自民众内部的自我表达。全球文化则是一种与个人创造力相冲突的单一文化。

方言：态度／组成／元素

因此，当一个年轻建筑师想要追求独特性时，他可以先从方圆一公里之内的方言学起！也可以从自己家庭的方言开始学起！

每个建筑师都必须拥有一种语言，我相信，每个地域都会把某种建筑语言视为某种神圣的东西，或者把它视为本地域的行话。这是遗产积累的一部分，我们可以学习、吸收并利用这部分遗产来分析相关的新型设计理念。当地竞争者之间互相分享这种方法，从而产生了一种友谊。我个人认为，我们可以通过寻找当地人对于空间和位置创造的态度、寻找并确定基本成分、理解那些当地结构始终坚持的元素特性，来确认当地的建筑语言。

接下来我会对地域风格和语言的这几个方面进行详述。

一、态度

对于空间布置和位置创造的态度是渗透于建筑风格的经验使用中的。某种东西是否神圣或是否世俗要由当地文化来判定。提供安全感的常用门与通往神圣之地的大门之间存在区别吗？每个地方都拥有奉为神圣的东西吗？一个中央庭院就能确定人们能从公共领域走入更加私密化的领域吗？一扇门就能表明人们从街道进入一个特定的地方吗？它能把家庭氛围与职业氛围分离开来吗？它会提醒外来者表现出更加尊敬和更加周到的互动方式吗？壁画、雕像、油画和手工艺品会展示出房主的特殊喜好、本性和关注点吗？它们能提示来访者将要访谈的对象以及应该采取的适当举止吗？不同区域在"空间和位置创造"上存在不同的态度，但同时，它们也拥有一些共同的观念和概念。态度并不是高高在上的东西，它们只是存在而已。回想一下生活中你所见到的各种各样的门。想象一下它们的尺寸、材质、颜色和形状。有些被安置在蔽光处，有些被装置在玄关处。有些里面有一种壁厢，人们可以坐在里面下棋。有些则是门内有门。有些会正对着院落中的某个雕像，令你不自觉地走进

萨伏伊别墅

去。有些则散发出某种神秘感，而后给你带来一个惊喜。总而言之，各个地域对于门、入口、大门和衔接空间都有自己独特的观点。

下面是人们对建筑形式产生的几种态度，我们可以由此理解不同的地域语言：

对自然的态度

弗兰克·劳埃德·赖特的流水别墅之所以令人震撼，就是因为它与自然背景融合到了一起。它向我们展示了"成为大自然的一部分"的态度。另一方面，勒·柯布西耶的萨伏伊别墅则是远离自然，独自矗立在那里。这就是一种抽象现实主义的态度。当拉贾斯坦邦的泥浆房拔地而起时，而拉其普特的宫殿塔则站立在自己的土地上，显示着它的威严。

对比例和规模的态度

如果你站在昌迪加尔的高等法院面前，你会感到在它的大门面前显得那么渺小。如果你进入印度之家，你会感觉到进入了一个更大的领域。它不仅是一个家，也是一个工作室和一个公共机构。进入奥斯沃博士的卫生、生命科学和医药中心，你会感觉到家的温馨和安全感。规模和比例在不同地域的使用方式也是不同的，它可能是南印度的朱罗寺庙建筑，也可能是北印度雄伟的贵族坟墓花园。

对材料的态度

每个地域都有其独特的当地建筑资源，它们的使用方式和表达方式是互不相同的。在卡纳塔克邦，你会发现人们会用精彩绝伦的花岗岩来制作塔器、横梁和屋顶板。有些地区则拥有丰富的粘土资源，人们会用粘土做成砖块、空心砖和屋瓦。喜马切尔邦拥有丰富的坚硬木材，因此这里的人们也就在石板、木材和石头的运用上拥有自己独到的见解。

这些并不是在创造技术或技巧，只是人们在创造空间时所持有的观念。尚卡尔和南威纳特·卡纳德、加伊斯姆和萨斯·布山的作品都源自他们对材料所持有的独特观点。

对神圣的态度

纽约有许多教堂、犹太教会堂、清真寺、庙宇和冥想的场所。但是对于这个城市的功能而言，这些高度神圣的场所都只是一些小项目而已。在巴黎，历史遗迹是一种神圣的象征，它们是非常特殊的公共财产，并且在法国人的精神上占据非常重要的地位。在印度，像普纳、旧德里或瓦拉纳西这样的城市，你可以发现数以千计的大大小小的庙宇。每个店主都会在收银处上方的搁板上建一个小神殿，每面墙上都有一个壁龛，里面搁放着一个神或神的象征物。神圣是无所不在的，也是无所不能的。在印度，即使是一个房子都要拥有神圣的空间和元素。入口的方向、厨房的位置、厨房里神殿的位置和厨房本身的神圣感在当地都是不可亵渎的事情。吉瑞西·多西、桑基·帕蒂尔和迪帕克·古格瑞在马哈拉施特拉邦的作品正是说明了这种态度。

二、组件和连接

简单来说，建筑语言是由许多基本的功能部分组成的。从根本上来说，它们主要分为支撑体、跨度和封闭外壳。一面石头承重墙可以是一个支撑体，也可以是一个外壳。一个跨度可以是一条横梁、一个拱顶、一个壳或者一个平板。支撑体可以是石头或混凝土承重墙和钢制或混凝土圆柱。使用的可能性是有限的，但我们仍要使这三种组件概念化。当然，任何一种语言都离不开谓语和连接词。连接组件可以是拱廊、庭院、散步走廊、水池、视觉轴线、小径、大门、小桥、台阶或扶梯。这些都给人们带来了穿越的体验。当人们在走动时，所有的墙面、圆柱、窗户以及视线中的物体都相对地发生移动，建筑也就因此成为了动态学。对我而言，确认这些组件是创造建筑语言的过程中很简单的一部分。那么当地的支撑组件、空间组件和外壳组件分别是什么呢？

确定十个组件并使用它们。典型屋顶、遮阳要素、台阶类型、支撑物、跨度、外壳装置和它们的连接组件是什么？我们要如何从历史和我们的生活背景中汲取到这些组件？在使用它们的时候，我们能够使当地观念受到尊敬并得到强化吗？艾哈迈达巴德的建筑师都会谨慎小心地使用它们。

三、元素

建筑元素更加难以理解。

元素贯穿于所有系统，它们无所不在。只要看到它们，你就可以知道一座建筑的位置所在。当你看到淡蓝色的水泥墙时，你就知道自己身处于焦特布尔；看到粉色墙，你就知道自己身处于斋浦尔；看到黄色地面和土色的石头墙，你就知道自己身处于斋沙默尔。

在不同地域和背景下，建筑物的特征也是不同的。在不丹，建筑物周围的红色标牌宣示着它的神圣。在加德满都，宝塔屋顶成为了一种当地特色。加尔各答的社区贮水池是各个住宅区的焦点。泰米尔纳德邦的贮水池相比较而言会更加规整。

或许态度、组件和元素之间都是互相掺杂的。但是，年轻建筑师必须随时做好记录，熟悉自己身边的环境。他们必须弄清楚光的应用，颜色阴影的使用，地板材质的安排，回音的处理，校准、标志和轴线对后续事情的影响。

每所建筑学院都应该开办一个研讨班，让学生去城镇、乡村和小村庄去见证那些定义区域建筑语言的态度、组件和元素。我们应该对它们给予重视，评估它们的有效性以及它们与现代需求、职能和生活方式的相关性。技术的新旧交替总会引来热议，与其相同，当地概念在新型设计中的应用潜力也肯定会引来争议。我们需要根据之前的策划概念和空间布置来尝试使用新的形式，然后把获取的结果记录下来。

建筑流派

印度斯坦音乐中有流派这个概念，哲学中有学派这个概念，因此我们也应该有建筑流派的概念。在古代地区，你可以看到独特的学派出现。在某个特定的地方，建筑史是当地文化的一个缩影。建筑物是历史长河中的标志，它们给生活带来了意义。我们可以在自然、材料和比例方面拥有明确的观点。我们可以利用独特的组件来制作支撑、跨度和外壳。我们可以利用特殊的装饰品来装饰楼梯、地板、椅子和连接物。我们可以根据自己拥有的元素和独特的方式来使用它们。同时，它们也会随着某个地方的职能、技术和文化的变化而发生变化。

年轻建筑师所面临的一个巨大挑战就是揭示出他们当地环境中建筑的意义和现实。他们会发现自己文化的底蕴，并使其逐渐丰富和成熟。他们还会发现工作的意义和生活的目的。我向你发出挑战——年轻建筑师们，创造自己的语言和自己的风格吧。

(2006 年 2 月为印度建筑师学会的卡纳塔克邦国家会议的主题演讲)

信件 7

作为社会工具的建筑

Architecture as a Social Tool

假　设

从历史的角度上来说，建筑一直面对的都是一小部分居民的问题。尽管我们所处的社会环境和经济环境发生了变化，我们仍会从过去的社会思潮中感受到压力。总体来说，建筑风格是一小部分客户兴趣的表达——启迪、进步和能力的表达。在当下的气氛下，建筑的功能性只是大家的一个争论点罢了。

下一代建筑师要深入思考我的这个假设——建筑只是一种社会变革的工具，只是一种表达新型社会关系的工具。

当我们把注意力集中到普通人身上时，我们不仅能够解决他们的需求，同时也能展现出他新的价值，并激发人们对优先权的重新思考。当把注意力从个体转移到社群中时，建筑师们也就表达出了相互合作的意义以及集体主义的社会安全感。建筑可以恢复人们对当地资源、技术和能量的尊重。弱小贫穷的社群远离高科技，甚至会认为重大事件与他们无关，不知不觉中会感觉低人一等，而建筑则可以给他们带来尊严。建筑代表着创新和变革过程中最明显且最具表达力的工具。

如果说作为一门专业，建筑充当着重要的社会工具的角色，那么我们就必须清楚：

我们的目标

我们的方法

我们的风格

新事物有哪些

我们的战略

我们与民族和政治之间的关系

接下来会讨论到这些问题。

专业目标

在当前的国际大环境中，我们看到了基本的人类需求。生存与环境机构和前卫的思想家都指出了一系列人类共需的货品和服务。它们是什么呢？食品、衣服、庇护所、技能、健康与卫生意识、社会与经济服务权限、当地治理的参与。在印度，我们经常会谈论到最低需求方案，这个方案针对的就是农村房屋、洁净的饮用水、通路、农村电气化等等。尽管这个方案引发了人们对实际发展成果的讨论，但事实上这仅仅是一个开始而已。建筑和规划的重点并没有发生改变。城镇规划持续追求着花园城市（Garden City），宏观规划师们也只是设想到了工业基本投入的需求。建筑师们设计的是他们的城市纪念碑，然而，在这个高度分段化的策划过程中，个体、农村劳动力、住在临时营房里的居民、穷人们的地位在哪里呢？很明显，平民受到了忽视，事实上，在印度早期的发展战略中，人类的相对基本需求完全没有得到满足。

我们的计划失败了，因为它并没有准确把握住重点。一方面，我们在城镇规划中尝试脱离中产阶级西方思想来创造规则。整洁干净的表面成为了实体规划者们追寻的幻想。我们的经济学家考虑到了西方工业经济的结构、创建工业国家所需的投入和产品，并且尝试利用这些模型作为一种填充。意识到进口重型技术的梦想破灭时，科学界提出了"适用技术"和"中间技术"的说法，试图转败为胜，保持他们于 50 年代和 60 年代提出的发展不确定系统中的地位。他们为什么会失败呢？这个问题常常会出现在我们的脑海中！当我们把目标设定为"高技术国家"时，我们意

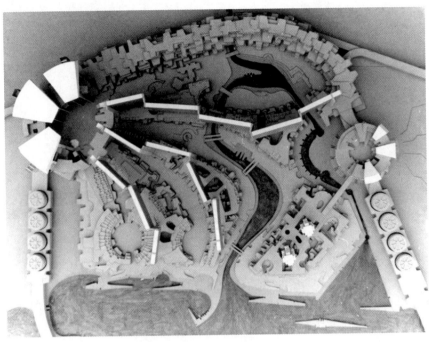

作者设计的学生项目开发了新的都市结构。

识到，技术并没有传递到那些最需要技术的人那里。

　　我们之所以失败，是因为我们并没有采取果断勇敢的行动。我们必须知道，基本的人类需求才是基本的人权。我们必须清楚，这些基本人权是我们最应该优先考虑的事项，所有职业都有责任提供货物。我们要弄清楚，在讨论人权时，我们不用涉及有关自由的各种难以捉摸的概念，也不用涉及到公正公平这种哲理性词语。我们要谈及的是营养、衣着和庇护所；要谈及的是参与经济活动的权利以及接下来参与社会活动的权利；要谈及的是每个人都可以享受"一篮子物品和服务"，其中庇护所、卫生设备和卫生保健是最重要的。这些都是我们必须支持的目标。

方　法

　　以上所述把建筑的重点从城市化、纪念性和时尚转移开来，转向了一种新的建筑教育方式。它强调：

建筑要从微观层面出发，在这个层面上，群体或利益得到集中化。它可以把传统村庄看成是一个社会单元，或者把流域看成是一个地理经济学单元。但是，在这个单元里，目标人群和覆盖范围必须能够被指定，由此形成研究数据。同时，这个单元必须足够小，允许以需求为基础的共同利益的存在；这个单元还必须足够大，以此支持基本的管理功能。这个单元可能是一整个村庄，但它应该被看成是一个大家庭。当一个群体共同居住在一个屋檐下时，我们就必须设计并分享公共服务。

建筑要具有代表性和综合性。建筑必须具备整体性，考虑到整体的大环境。从广义上来说，"居住地（habitat）"这个单词的使用是非常重要的。它表明，各种活动必须集中考虑到功能和使用者，而不是考虑"提供者"的某些特定技术项目。我们在设计进程时应该从提高社区层次的角度出发，一个社区并不是由道路、住所、水源、健康教育等因素简单拼凑而成的。

建筑所涉及的是普罗大众的利益。这就意味着，从微观层面上来说，各种体系都需要拥有决策和管理能力。这就意味着，想法要来自于群众，"政府决定、群众支持"的说法必须被改变成"群众决定、政府支持"。"附属式的规划"总会在大选之前出现，随后就悄无声息地被家长式的义务工作所代替，这种风气必须被终结。建筑师应该提供"思想工具"，由此每个村庄可以起草自己的环境行动计划。

建筑要以当地资源和能力为基础，并满足居住、便利设施和服务的基本需求。

最重要的是，建筑与规划需要在"各尽所能，按需分配"的基础上创建一条保证消费的基准线。

工作风格

相应地，作为建筑师，我们必须接受一种新的工作风格。个人主义建筑大师的时代已经结束了。商业建筑师呆在办公室里的时代也结束了。专家提供建议的时代也结束了。新的工作风格必须包括：

团队一起讨论问题，发现问题，找出每个人身上的优点和缺点，进行互补。

增加跨学科技能和能力，把社会科学当作一个分析基础。

与现场工作者保持密切接触，并从他们身上吸取经验。经常在村庄里走动，与人接触，向他们学习，这是新的专业风格的基本体现。

以一种科学的态度来理解我们所在领域的结构。

一方面，我们要开发可以表达消费水平以及不同投入、生产系统、当地材料和技术、分配系统所产生的影响的工具；另一方面，我们要避免假设形成、调查设计、调查测验、样本和对照组这种伪科学，这些都是那些呆在舒适的办公室里却又毫无经验的毕业生研制出来的。我们唯有通过案列研究、小组讨论和地区历史才能理解问题的本质和特性。由此，我们才能识别并确认威胁人们和他们生存环境的压力所在。问题也就会迎刃而解。抽样调查随后也会给我们提供出问题的大小和程度，但我们要知道，调查并不能识别出系统中存在的问题。这个领域是我们的实验室，我们必须利用它，从中吸取经验。

同样，我会在以下几个方面采取相同的立场：

从不完善的二手资料中得出笼统结论的高度量化的方法。

为社会提供替代选择的新建筑进程设计和测试。

提供具体的替代选择和选择系统是我们的责任和义务。我们必须逐步地、清晰地提供出可以把以上所述的元素包含在内的研究方法。最终，这种新风格需要我们毫无私心地钻研究人遇到的问题，我们必须遵循采取行动、寻找结果、再学习的原则。

新建筑

这样一种工作风格和新方法一定会造就新的建筑。旧建筑向新建筑的转变是冲突和不安的起因，因为：

它意味着发展收益的重构；它意味着产品利润的重新分配；

它使得习惯自上而下规划方式的商业建筑师和技术专家地位下滑；

它否定了陈旧的学校学术、抽象技能和毫无效率的机构的重要性；同时它还否定了他们内部"一致性模型"的重要性；

它直接对抗的是凌驾于农村人口之上的封建势力，因为它提倡的是自给自足的方式。

它对抗的是城市左派名流的舒适的生活方式，这些人把穷人的饥饿当成了他们实现智能化、以自我为中心的乌托邦式未来的催化剂。

它挑战的是现有的生产关系体系，把决策权交到了群众手中，并且给予他们以规定标准进行消费的权利。

上面讲述的六个因素代表着与新建筑对立的既得利益，考虑到他们的个人和集体权利，我们应该不难想象，新建筑会面对来自许多方面的压力。

但是，新的建筑风格终究会成功。为什么呢？因为：

它代表着大多数人的利益，它拥有多数权益；

上述提到的既得利益是互相冲突的，它们之间出现了分歧。

各行各业都存在一些进步的元素，作为个人，他们会尽自己的本分来确保新建筑得以持续；

它是生活的必然趋势。

新建筑风格的战略

新建筑崛起的战略是什么？

各个体系必须以新建筑为基础。它们不是从传统资源中获取基金，因此它们必须自给自足，依赖于个别进步分子而得到资金支撑。它们必须在与既得利益抗争时位于一线位置。

新的建筑师必须出现，此时，新建筑的基本目标和技能要优先于专业学科，个人的野心受到了牵制。

新建筑风格必须从现有的系统中发展起来，建筑师必须创造以问题为导向的替换选择，由此建设性的政治辩论也就出现了。如果置身事外，你只会变成一个不明就里的评论家。建筑师不应该成为社会的负担，也不应该像学术家那样成为拥有特权的依附者。只有在这个体系中采取主动，建筑师们才会在变革中发挥作用，并从中吸取经验。这不一定意味着他们将只从事于政府工作，但这明显是一个选择。另外，他们可以：

通过志愿团体以"赤脚建筑师"的身份为社区服务。对年轻建筑师而言，这是开始他们职业生涯的理想方式。像艾哈迈达巴德研究行动小组（ASAG）、VIKAS（艾哈迈达巴德）和UNNAYAN（加尔各答）这种代理机构就向我们展现了这种首创精神。

在一个以行动为导向的机构里工作，他们不仅能够持续保持与这个领域的联系，同时还能接触那些让人产生积极性的项目。普纳的发展研究和活动中心（CDSA）就是一个例子。

教授其他的年轻建筑师。

担任作家、顾问或自由研究者的角色。

与相关的发展代理机构合作，比如金融机构或者发展局。

无论建筑师选择哪种方式，他都必须意识到自己的意愿倾向。他必须研究问题，设计新项目，发扬这些变革工具。这都需要不断的努力。

人、政治和建筑

需求和资源来源于人，解决方案来自于专家们的帮助，变革的力量则来自于政治家。如果变革模式要兑现它的承诺，那么这三个基本行动者都应该拥有共同的利益或目标。建筑和规划（事实上是我们国家的发展）当前所面临的危机来自于这三个群体之间的利益冲突。传统的建筑师与群众是隔离开来的，他们对应的是特定群体的利益。城镇规划的目标将与拥有特权的房主和土地投资者的需求相一致，与关注城市面貌或者工业家庭需求的精英团队相一致。我们的宏观规划者需要考虑的是提供基本投入的基础工业的需求，比如柴油、水泥、钢铁、电力和铁路车皮。反过来，这些利益集团在行使决策权利时也拥有了政治身份。

　　新建筑有必要弄清它的目标，以共同利益为中心与那些具有相同目标和目的的政治家建立联系。在这里，我们必须确定特定的目标，我们的道德标准必须符合这些目标。我们一定要理解我们的职业有两个基本组成部分：

　　工具，这是我们与所有建筑专家共享的东西

　　利益，这是我们有别于其他专家的东西

　　因为我们与普通大众拥有共同的利益，因为我们恪守尊重基本人权的承诺，我们将会形成我们的政治关系。这也使我们与技术专家区别开来，他们只承诺于自己的工具和技术，从理论上为大师们效力。在新建筑中，我们同时还必须意识到个人的权利是以更大群体的利益或支持为基础的。新建筑风格不应该被那些风格、方法和目标与这个领域的多数利益不一致的人所利用，也不应该被那些打着变革的幌子来获取个人权势的人所利用。

（1980 年 10 月在 Akshara 上发表的文章）

信件 8

设计中的设计

The Design of Design

面对某种称为设计的东西，我们拥有共同的奉献精神，今天，我们也因此聚集在这里。我们每个人对设计的定义可能不同，但对我们所有人来说，它就是一个完成某件事情的进程。我们可能会把"一个设计"看成是像可口可乐瓶、索尼随身听或者漂亮的室内空间类的客体，但是，我们头脑中出现的标识设计是一个设计过程的结果。我们每个人都身处这个过程之中。

坐在这里的朋友们都是"设计师"，有的是工业设计师，有的是建筑师，有的是室内设计师或者艺术家。每个人都是他们唯一的设计过程的大师。不管是创作 Tata 标志设计，还是设计一种台灯，或是设计出一种新汽车，对我而言，设计就是一种获得某种结果的方法。这个过程开始于我们对某种被需求和被渴望的东西所产生的模糊影像，它包含确定性能指标和符合法定标准、提供可供选择的解决方案、评定与性能指标相对立的可能性。随后，我们要在推出最终产品之前创建并改善模型。在整个设计过程中，推理、评论、逻辑性、质疑、简化和分析都是非常重要的环节。在设计过程中，不管是资金、人力，还是时间，所拥有的资源是有限的。最佳设计往往出现在决定性资源受限的时候，也因此部落艺术、手工艺和村庄的纯朴建筑风格会对我们产生吸引力。

从城市规划、社区设计、公共场所的布局、建筑物的设计，到灯光建筑和开放空间的设计、家庭用品的设计和小手工艺品的设计，设计几乎无处不在，它包括了整个道路网的灯光设计，同时也涵盖了小公寓的灯光设计。

作为设计师，我们充当的是复杂的利益集团和股东们的催化剂，他们会制造、使用并评判这些设计品。整座城市的设计师或者照明系统之类的设计师会根据规划、设计标准、性能指标、测试选项、评估和确定产出的序列安排时间表，他们会根据经过调节的进程来获得符合特定标准的成果。

设计是一个必不可少的过程。30 年以前，设计师被视为轻薄的艺术家，脑子里全是稀奇古怪的想法。60 年以前，印度产品都是对国外设计的拙劣模仿。在当时，"灯光设计"这个术语听起来就像是天方夜谭。

如今，一种产品只有在设计合格之后才会投入生产。如果一个城市没有经过认真的设计，它将会变得丑陋不堪，功能性也会极差。城市里的居民生活也会因为设计的缺失而变得沉闷乏味。这就是我们在印度所面临的挑战。我们不仅要具备各种稀奇古怪的想法，同时还要促使社会和经济走向巅峰。

在工业化时期，对普通大众来说，数以千计的日常用品是唾手可得的。之前手工制造的买不起的东西在大批量生产之后，价格也随之下降。现代照明便宜、安全且方便，相比之下，乡村的油灯则不便于使用，而且安全性也不高，因此这些油灯逐渐被淘汰了。我们从手工艺品的设计转向了技术系统的创造，这些系统拥有相互依赖的设计元素和组件，从能源、能源分配、营销和票据托收，到电气装配、光源、灯泡类型、被拓展的空间以及所有以光为功能来源的事物，无所不包。物品设计是很简单的，系统设计则是复杂的。如果系统中的某个部件缺失，那么整个大框架就可能完全失败。如果没有广播电台，收音机的发明就会变得毫无意义，而一个无线电接收器是无法支撑一家电台的。因此，我们必须大量生产数以千计的收音机来支持一个广播系统。除非我们设计广告用于电台广播，要不然我们就没有支撑大众传媒的收入来源。物品文化已经被系统文化取代了。

20 世纪早期，艺术与工业之间的合并出现于德意志工艺联盟运动，演化成包豪斯建筑学派，并随后成为了我们经常所说的工业设计。我的恩师瓦尔特·格罗皮乌斯在接管哈佛大学设计研究院时把这个运动带到了美国。"包豪斯方法"在印度国家设计学院成为了教学的基础，渗透到了所有基础设计课程中，比如时尚设计、室内设计或建筑设计。

　　然而，工业化同时也使数以百万计的百姓搬离传统的居所，走进城市。从农村生产到工业化，工作的转变使得人们从那些没有设计的地方搬离出来。这样导致的结果是不健康的，也是非人性化的。设计没有失败，它只是被忽略了。

　　在我们所创意的方案里，设计必须着重于提高人类的生存环境。设计能使没有思想的机器和原材料之间达到和谐，生产出具有功能性且漂亮的工艺品。在善加利用的情况下，设计会提高人们的生活品质。作为设计师，我们的共同兴趣就是要如何创建方案，让设计在很大程度上影响着平民百姓的生活品质。

　　20世纪初，芝加哥和旧金山的商业领袖认识到，城市规划不足以创造城市生活的有序性。在芝加哥，客车制造商Pullman为他的工厂和工人们建造了一个模范小镇。这座城市的实业家和商人对城市的新规划展开了竞争。十年之内，这座城市就成为世界有名的商业之地。良好的设计使这座城市成为了人们争相前来的地方。到了19世纪末，芝加哥这所"建筑学院"就与现代和进步划上了等号。

　　设计就是推动情节往前发展的动力。设计讲述的是新的生活，舒适的生活。设计创造了令大家受到鼓舞的未来影像。设计让大家看到了可能性，并随后创造了现代文明的文化产品。设计是城市化和工业化进程的一个不可或缺的部分。某个城市的经历会成为更多城市效仿的模范，随后会变成标准惯例。这就是我对史诗般设计的理解，它与没落设计甚至抒情设计是完全相反的。小思想和小设计会吸引品味制造者，随后成为生活的大故事。

　　设计师总会过于强调"漂亮"、"聪明"、"可爱"和"奢华"。他们开始宣传炫耀性消费和消费至上主义。他们担心销量问题和时尚问题。此时，时尚就已经变得陈腐不堪了，他们也变成了过时风格的一部分。闪光的灵感、某个时期的流行和礼品包装全都暗藏着需要被揭露的真理。每个设计师都希望成为焦点；他们变得臭名昭著，非但没有使社会变得更加美好，反而成为笼罩在人们头上的乌云。这种行为的结果就是整个社会变得毫无生气，千里之堤，毁于蚁穴。设计必须远离浮华的城镇，把浪漫主义留给宝莱坞，避免好莱坞的虚拟现实。我们需要重拾现代派的使命，为人民大众带来舒适的生活。为了这个目的，我们必须使用适当的技术。

　　如今，设计变得庸俗轻浮。它利用着人们浮浅的情感，比如最高、最大或者最

1920 年，瓦尔特·格罗皮乌斯创建的包豪斯学院。

愚蠢！充斥在人们眼前的都是明亮的颜色、反光的金属和过度使用的各种材料。这就是我在当前的建筑、室内设计和产品设计中所看到的形象。我们必须对此提出抗议。

最近我参观了格拉纳达的西班牙镇，在那里，数世纪以来的传统和符合现实需要的城市设计使居民的生活方式得到了改善。他们成功的关键在于他们为行人和车辆设计了不同的路线。人们很少穿越在危险和有尾气排放的街道。他们穿过地下走廊，从广场来到令人愉悦的花园，再经过排列有序的雕像和喷泉。一分钟之前他们还处在阳光下，接下来他们就消失在阴影处。古建筑与小径的视觉轴线相映成趣。路边有可供儿童玩耍和可供老年人休息的露天咖啡厅及其他场所。防护树为人们提供了遮阳的地方，树叶沙沙的音响也令人心情愉悦。我们到处可以看到年轻人灿烂的笑脸。当太阳落山时，平静的灯光反射在叶子上，创造出一种柔和与浪漫的气氛。你在每个街角都会产生一种惊喜的感觉。

我们要把好设计的益处带给越来越多的人们，这也是我们所有人所面临的挑战。

要想达到这个目标，我们必须承担起更加复杂的挑战，比如我们城市的设计、城市垃圾、河边陆地、开放空间和保障房。城市风景中最简单的项目就是道路、人行道、公共花园、雕像和标志性结构的灯光设计。

市政府不仅不具备制定这种规划的智力资源，同时也不具备预见戏剧性变化的眼力。城市规划法令扼杀了城市所有品质上的改进，使它们习惯了一种按部就班的方法，武断地把小项目结合在一起，并称之为开发计划。事实上，这里没有任何设计可言，只是策划和调整而已。

印度的设计师、实业家、商人和各种专家需要参与到城市规划中来。但是这不应该是一种卡巴莱歌舞表演，我们不能举行毫无意义的会议和不实际改良主义的研讨会，不能只观赏相互之间的舞姿，赞颂着自己从未达到的目标。我们需要研究法令的障碍和规划方案，并创造出法制、计划、项目和人们之间的多层次平台。我们的城市和大城市圈仍然存在于世界几个巨型生存环境之中，没有任何设计的迹象。设计师没有任何发挥作用的机会。我们在等待什么呢？让我们创造那个机会吧！

我们必须把设计逻辑、设计程序、设计技能和设计方法应用到艺术品的创作中，使越来越多的人受到影响。我们必须应用设计逻辑来应对我们所面对的环境危机。我们必须应用设计方法来为穷人创造栖身之所。作为设计师，我们甚至可以为街道、人行道和公共空间设定城市照明场景。我们肯定可以做到！

我们已经看到孟买－普纳高速公路的建成。我们已经看到侯赛因纳加尔湖从一个污水坑转变成了一个美丽的城市公共区域。我们看到新德里的 nalla 转变成了德里 haat。景观设计师拉维·博汉把一个被阿约提亚村忽略的排水区转变成了一片漂亮的滨河区。加尔各答一位私人开发商哈斯·奈奥提亚把一座垃圾堆变成了一个被称为 Swabhumi 的艺术中心。普纳的克雷根公园被转变成了美丽的奥修公园。通过设计以及通过私人设计师和公共设计师的合作，我们在印度所达成的案例是举不胜举的。

我记得在 90 年代早期全国运动会之前，普纳到处是漂亮的喷泉。TAIN 广场也为人们创造了公共空间。我们尝试在工程学院建造一个青春广场，把隔断的历史校园连接起来，然后使其与滨河区相连在一起。

当我们漫步在巴黎的林荫大道、舒展四肢躺在花园的草坪上、在路边咖啡店品尝着咖啡时，我们为什么会感觉到惊讶呢？我们之所以感到惊讶，是因为我们被剥夺了太多的东西。我们在一个文明城市中失去了人类最基本的快乐。我们感到饥饿的时候就要跟朋友坐在一起，坐在舒适的露天咖啡厅里品茶。

我们必须重新思考设计；我们必须重新思考设计所充当的角色；我们必须对设计进行再设计！

好设计会给所有人带来更好的生活。好设计就是好的生意。如果我们想做好事，我们就可以做任何事情。设计是实现我们梦想的一个过程。我们还在等什么呢？让我们设计一个更好的未来吧！

(2009 年 2 月在印度设计峰会上的主题演讲)

信件 9

语言与模式

Language and Pattern

 印度马辛德拉联合世界学院坐落于西印度的普纳
和孟买之间的撒哈亚德里群山之中。它应用的是艾哈
迈达巴德的法国联盟（1974）和巴夫纳加尔的博哈奴
本·帕瑞克之家（1972）所使用的建筑语言。巴瓦纳、
新德里郊外（1976）和加尔各答的 SOS 儿童村持续着
这个思路，并且，这个思路也渗透到了发展研究和活动中心的设计中。因此几十年
以来，这门语言是不断成长，不断演变的。

这门统一性语言是由几种设计原则组成的，其中最重要的是材料天然形态的表
达。它与人体尺寸比例系统的使用是我儿童时代从弗兰克·劳埃德·赖特那里学到
的。另外，我也倾向于利用滑动玻璃板、走廊、矮墙、胭脂树和阶梯使室内空间和
室外空间形成一体。利用巨大的虚拟景观作为模板，生成一个现实的风景，使构图
与建筑位置达成一致，教室和庭院之间相映成趣。多年以后，我的作品被冠上了以
下特征：胭脂树、坡道、台阶、窗槛花窗、圆柱和排水管。它们与露石混凝土上的
壁饰为这一作品加入了人性化的尺度和表达。

尽管这门语言和它那缓慢演化的词汇依然存在，但我很快转变了自己在模式上
的态度，并且以更加激情的方式来应用它们。首先是模数网格，接下来是平行线，
随后我则是以一种强烈的语言和设计原则插入角度和曲线。

曾经有人问我对建筑语言的保守观点，我回答到："建筑是一门奇妙的艺术。

联合世界学院利用了清晰的语言。

一个架构可能遵循着所有的设计规则，却是毫无意义的。另一个架构可能打破了所有的规则，反而却是意义深远的。建筑在不违背设计规则的情况下并不见得是好建筑。我不能说自己是对是错，但是，为了达到极致，我们需要对艺术发起挑战。"那段话时常会萦绕在我的心头。

只有当一门正规语言提出严格的原则时，大团队的工作才能达成一致。马辛德拉学院的分析表明，所有新形式和新模式都产生自一种逐渐演变的语言——美术中心、行政中心和学生中心是最前卫的。尽管它们属于整个建筑体系的一部分，但它们体现出了非常强烈的特殊性。它们使用的是同一种语言，但它们形成了自己的独特篇章。

马辛德拉学院的校园与当前校园规划中的流行元素产生了极大的反差，在那里，每座建筑物都能够形成一道独特的风景。这种趋势很快就变得令人厌烦。另一方面，我对普遍推广的巨型网格结构体系的毫无意义的一致性也感到忧虑。我认为，一个人必须要寻找单一性和多样性之间的平衡。当我在一个大城市穿行时，不管是印度，还是澳大利亚或美国，我都会对呆板的城市扩张感到麻木。在那里，建筑物并没有得到真正的设计。它们只是被设想成"法定的图纸"，一个当地团体在得到授权的情况下可以最大化地榨取战略投资基金。这也算是建筑吗？永远也不可能！在这个丑陋、空虚和令人厌烦的领域里，有些人会讥笑你，他们会借"与众不同"的名义做一些令人反感的事情。这里没有秩序，没有意境，也没有和谐，只会对人产生一种侮辱感。人们所说的"裸奔"就是对此很好的比喻。这些人把露出屁股看成是一种聪明、独特，甚至伟大的事情。唯一能说的就是，这种令人错愕的事情会在某个时刻被人记住，但它并不会在历史长河中永存。这种行为不能被称为人类的伟大进步。相反，它们是对成熟的思想、分析和结构的侮辱。我们所能得到的只是一个被不时加入污点的平凡的城市景观。你可以在适当的时机脱掉鞋子，掷向一个非人性化的标志；但你不能永远把愚蠢当成利剑来伤害一个城市。这就是"建筑语言"的重要性所在。

我并不是后现代主义者。我总是回顾由赖特、勒·柯布西耶、阿尔托、卡恩、塞尔特和其他表现主义艺术家形成的现代主义传统。现代主义被官僚和商业开发者们利用，以此来节省成本和获取利润，在当时，后现代主义者们把这种野蛮的行为当成了挡箭牌。他们为了向容易受骗的群众显示出自己"新潮"，私下篡改了现代主义的概念，事实上，他们应该对建筑的退步而感到内疚。我坚持认为，现代建筑的源头来自于社会目标、空间运动、大自然、城市生活、技术以及视觉和精神刺激。接下来，我会提出几个关于马辛德拉学院的设计研究，它们属于大胆的艺术，但并不惹人讨厌。

Mahadwara

Mahadwara 或"雄伟的入口"拥有其独特的形状和质量，与尼罗河边上埃及多柱式建筑的入口非常相类。复杂的构图中设置了指向性，让人在校园里产生了定位感。它建了一个路标，确定了基本方位，设置出一条轴线。你可以沿着明确的南北轴线一直前行。中心的学术方庭像曼陀罗坛场中 Jambudweepa 的内圈，变化多样的结构就像海洋中铺展开来的岛屿圈。在这个具有重大意义的系统中，大门也理所当然地承担着更加重要的作用。如果单独来看的话，它只会显得比较荒唐。

西班牙台阶圆形剧场

圆形剧场是位于南北轴线上的学术方庭与多功能厅之间的连接点。这个连锁空

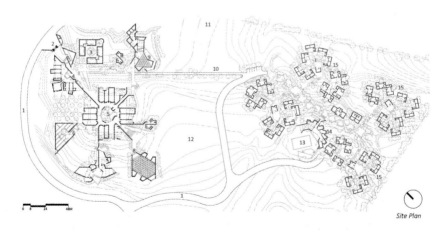

Site Plan

1.源于山谷的山区道路；2.入口；3.科学中心；4.行政大楼；5.学术方庭；6.图书馆；7.艺术中心；8.多功能厅；9.餐饮中心；10.道路；11.体育场；12.林地；13.游泳池；14.学生中心；15.住宿区。

间被一面墙壁分开来，后面有一个扶梯，墙面上留下许多小空洞，年轻人可以透过这些小洞互相观察对方。在那个年纪，不管是身体美还是心灵美，他们都想引起别人注意。这就像罗马的西班牙台阶，那里总是集聚着一些年轻人。大学校园必须解决学生们"被看"与"去看"的迫切心情，这也是人格发展中一个很重要的部分。这使建筑风格变得非常人性化，非常切合现实。可能也只有希腊人才能理解这一点。台阶并不仅仅是上升或下降的通路，它们是非常重要的。这个剧场是正式演讲、辩论和戏剧表演的热门场地。这种要素就是"内陆海滩"，人们可以在冬天聚集到这里晒太阳。

多功能厅

这个空间可以用来做瑜伽、跳舞、听音乐、演戏剧、听讲座、考试和召集会议。挑高型天花板上有十个大的花格镶板，这些镶板里面又有 160 个小的镶板，这就产生了层次美。在这个系统中有十个天窗，产生一种蜂巢似的效果，使得这个区域转化成为了符合人体尺寸的模块。附带机械设备的四个塔楼、走廊之上的斜屋顶和其他要素组成了令人印象深刻的景观，并且把这个大型结构与校园的主题联系到了一起。所有这些要素都有效地打破了沉闷感，即使屋顶线位于相邻建筑水平线以下，也丝毫不产生压抑感。

学生中心

这个设计是以一面折叠的挡土墙为基础的，它就建在山坡上。这面墙由六个冲上云霄的垂直光轴组成的。每个轴都拥有一个大的活动空间。这面玄武岩墙与一个入口门廊互相交叉。在里面，一个褶曲的玻璃板把这些房间与一个宽大的走廊分开来，与撒哈亚德里群山的动人景观交相呼应。庞大的天窗被安装在石轴上，从黎明到黄昏，都能达到很好的采光效果。

安加利阿南德艺术中心

尽管我属于设计理性主义者，但我想从逻辑性严密的范例中提取出极大的多样性。艺术中心的三个工作室悬于中心庭院之上，就像一只神奇的史前巨鸟展开的巨

位于撒哈亚德里群山西部凉爽区域的校园鸟瞰图

大翅膀，增强了校园的视觉观感，同时也保持了非常符合逻辑的组织结构体系。这些工作室被用来进行多媒体工作——画画、影印和雕刻。同时，这里还有一间办公室、一间贮藏室、一个小制陶室和一个烧窑。

这些工作室是由串联的墙面组成的，墙与墙之间安装着宏大的玻璃窗，可以让温和的光线投射进来。这些工作室与一个低走廊连接起来，这个走廊围绕着一个种满花草的庭院，向下蜿蜒至山的边缘。尽管这些大窗户都是由模块化的部件组成的，但每一个窗户都呈现出了独特性。

这样展现出来的是一种非常震撼人心、非常自由化的形式；它远远超过了校园里的其他结构，成为了当时我的思想的缩影。尽管它存在着视觉流动性，但它的功能性却是非常严密的。

我在马辛德拉学院的工作就是继续贯彻一种数十年不断演变的"建筑语言"。但是模式和体验是完全新颖的。这些空间和形式为一个群体提供了潜在的纽带——

学术方庭南面鸟瞰图

一种"集体意识"。集体意识的觉醒是赋予真正的建筑以生命的无形资产之一。它把空间转变成了"不同的场所"。

当我以石头为建筑材料时，我完全听从于工匠们的想法。他们尽管没有接受过真正的艺术教育，但他们对工作的意义拥有自己独特的第六感。他们不会盲目地把石头堆砌在一起，他们也在寻找意义。当他们在黄昏离开工地时，他们总是停下手中的活，四周观察，查看自己的劳动成果。如果他们面露满意的表情时，那种喜悦感是无法用言语来表达的。虽然他们只是普通人，但他们知道丑陋与美好之间的区别，知道浮浅与深奥之间的区别！

注：印度马辛德拉联合世界学院荣获了 2000 年度由《商业周刊》(Business Week) 和《建筑记录》(Architectural Record) 赞助的美国建筑师杰出奖。这个奖项奖励的不仅是建筑师，同时也包括了客户，因为他们都知道有效的设计方案会带来进步。

(这篇文章的早期版本发表于 A+D，2004 年 12 月 12 日)

信件 10
非学校学习的建筑

De-schooling Architecture

生命科学、健康和医学中心（CLSHM）创始人冈凡
特·奥斯瓦尔（Gunvant Oswal）医生根据一整体的医
学系统，致力于大脑和神经发育障碍的治疗，他说过：
"我想要的是一种与众不同的构造……它就像一座纪
念碑，不需要多么宏大，也不需要多么盛气凌人。"
从 1968 年到 2000 年，奥斯瓦尔医生就在普纳过于拥挤的博哈瓦尼派斯开办了一家
800 平方英尺的诊所；然而，当他的另一个医学系统的功效被广为人知时，他感觉
到自己需要一个更大的空间来开展研究，并满足孩子们治疗过程中的特殊需求。奥
斯瓦尔用两年时间来选择一个适合的位置，一个可以让孩子们和他们的父母都感觉
到舒适自在的地方。最终，他在康德瓦的一座丘陵上发现了一个安静的地方，那里
靠近林地，整个城市一览无余。

接下来就是要寻找一个设计师，设计一个适合奥斯瓦尔的工作和病人治疗的诊
所。在看到我所设计的普纳效外马辛德拉联合世界学院时，奥斯瓦尔找到了我，手
里拿着弗兰克·劳埃德·赖特的巨著——一本视觉百科全书，上面粘满了便利贴，
标注出了他想在自己的医疗中心体现出来的建筑要素。他热衷于自己的事业，为特
殊孩子治疗疾病，从来不会因为某些孩子缺乏治疗资金而放弃他们，再加上我对赖
特的建筑风格也有很浓厚的兴趣，这就给这个项目奠定了基调。奥斯瓦尔医生把毕
生的积蓄全投入到了这个医疗中心上，并且受到了他的妻子、女儿和女婿的全力支

持，同时，他的女儿和女婿也在这个医疗中心实习。

　　我意识到这个项目的受益对象就是那些非常特殊的儿童——急切想要生存和学习的孩子；他们活泼、有活力、观察敏锐，但随着年龄的增长，他们被剥夺了童年最基本的快乐。我的首要意图就是要帮助他们，而不是把他们推向一个呆板的庞大机构，一个只会告诉你"你不属于这里！你不属于这个世界！"的机构。因此，我想设计一个与众不同的建筑物，但要采取的并不是那种嘲弄精神障碍的盛气凌人的方式。我必须让自己的童心再次萌发，大胆去做，清楚响亮地表达出自己的想法。我必须让自己放弃正常孩子学习的笛卡尔式的思考方式：X 轴和 Y 轴；正方形、长方形和立方体。我意识到，我之前也学习过正方形和立方体，学习过平行思维！遵循那经过反复考验的方法是很容易的，但放弃它却是极其困难的！

　　在颠覆之前学习的建筑的同时，我与客户群的人生轨迹也就发生了交集。我切实领会到了笛卡尔思考方式的困扰，想要放弃它，就像远古军队摧毁一面坚固的城墙那样困难重重：打开关闭的思想之门；推倒错误的知识之墙；摧毁把我困在盒子里的思维方式！随着我的不断挣扎，我来到了那些特殊儿童所处的美丽且纯净的世界，在那里，他们会发散自己的思维，看到事物的本质。我发现，当我平和地对待事物、观察事物的本质时，我就会发现美丽！

　　有一天，我与奥斯瓦尔医生针对这个项目讨论了数个小时，在看完我提出的瓦屋顶庭院主题时，他问到："这个结构要怎样通风呢？"这个问题本身就带来了解决方案。最终，我们决定设计一些小路，供通风用，同时也可以用来散步。在西风吹过的小路上，我们也可以像风一样蜿蜒前进。南边的高墙则用来遮挡南边的阳光，为人们提供荫凉。这里不仅有口袋式花园，同时也有僻静的空间，到处是花草树木，每个空间都与某些室外空间达到了融合。角风墙会形成一个内外空间的蜂巢式结构，产生大量的能量。

　　综合设施的架构方法在正门入口就给予了暗示，花坛展现着五颜六色的色彩，主围墙则远离公路。在纽约的傍晚，每个机构里面都是人头攒动，我希望能够提供一种类似的表达方式。因此，我在楼房内设置了承重墙，也设计了可供人们和路人休息闲坐的宽台阶。除台阶外，我在入口安装了透明门，与纯白色的墙壁交相呼应，创造出了空间感和平和感。我的青年时代在爱琴海，那里拥有湛蓝的海水、暗白色

儿童医疗中心

的墙、一些蓝色木制品和随处可见的阴影，那里的每件事物都吸引着我的注意力，自那时起，我就爱上了白色的墙壁。我认为，在这个项目中，石头可能会显得暗淡，并给人产生压迫感，因此我使用了白墙。奥斯瓦尔医生认可了这一点，而结果也就顺其自然产生了。

第一层满足了患者的所有需求——接待室、候诊区、医生的诊室、药房、可供放松的绿色空间、餐具室、患者及家属进餐的区域、荷花池、开放空间中的佛像以及母亲与孩子相拥的雕像。整座建筑以两条蜿蜒的东西路线为轴线，拥有良好的通风性，这些空间也因此互相连接，错落有致。一楼提供了一间卧室、一间客房、阳台和大厅；地下室是开展研讨会的场所，那里可以直接通向路边入口。沿着各个花园（包括各种本土植物和外来植物），全天然的斋沙默尔石头、多尔浦石头、德里红堡石头和克塔石头地面营造出了一种宁静的气氛。喷洒在植被上的水滴产生出雾气，创造出凉爽感的同时，也提供了抚慰人心的视觉效果，潺潺的水声也起到了镇静神经的作用。稍微倾斜的喷水孔把雨水返还到地面，这也就传达了一种与大自然的融合意味。

当我们穿过这座建筑物时，我们会发现各个空间是互相连接的。设计的中心思想就在于，每个户外空间都要至少与两个或三个室内空间相关联！反过来，每个室内空间都会与相继的户外空间相连接。因此，当你穿越于这座迷宫式建筑时，经过的道路不同，你的体验也就会完全不同，水平和垂直的天窗就是营造这一效果的手段。柱子是三角形的，把所有空间变成了拱廊，同时又把这些空间融合成了一体。上面贴上五颜六色的马赛克图案，空间因此变得有趣起来。

除了设计一个适合儿童的医疗中心之外，这个项目的另一个宗旨就是要做到生态环保。这个设计没有用到任何木质材料，热水都是靠太阳能加热；最重要的是，空间和材料的耗电量都达到了最低。挑高的玻璃窗具有很好的通风和采光的功能。建筑外部几乎没有任何玻璃制品。在断电的情况下，使用者并不会感到不便利，因为房间里时刻充满着自然的微风和光线。我们用矿物燃料做什么？也许我们现代生活中的一些小玩意确实需要能量。但这个建筑需要的是免费能源。每个侧面都有出口，每个通路都有天窗，每个空间和通路都存在着大自然的气息。在气候宜人的印度，这些事情都是顺其自然的。

(2007 年 7 月发表于 *Inside—Outside* 的一篇文章)

信件 11

建筑主题：风格的困境

Themes and Motifs in Architecture: The Dilemma of Style

作为人类，有别于其他类属的一个特征就是具备利用象征和符号来处理大脑中存在的概念的能力。当然，我并不是说符号是思想交流的唯一方式。我们超越了虫鱼鸟兽的智力水平，逐步形成了自己的思想、观念和概念。

我们构想事情的能力对人类的发展是非常重要的。在人类思想中，符号被用来代替那些不存在的东西。语言是我们最经常使用的符号。另外，想象力也是人类把脑海中的图像具体化的能力。

人类可以设想到与现实情况不同的某些情势。小孩子可以记住某些并不存在的事情，但只有在不断成长之后，他才能够巧妙地处理它们，甚至发明出某些从未见过的要素。我们探索着一个虚幻的世界，然后用我们理智的头脑来加以实践。

作为建筑师，我们对未来实践的理性探索充满了兴趣。面对现有的情况（位置、规则、计划、地理气候背景、预算等等），我们想要在自己的头脑中把建筑形式中的各种图案和不同情境形象化。尽管这些约束条件是一种限制因素，但我们仍可以设想出各种形象。

我们的建筑语言充满着各种符号，这就允许我们创造出大量的建筑架构。

面对如此丰富的选择，设计师要如何决定哪种心理意象值得付出努力来追求？不幸的是，像孩子一样，大多数设计师只能理智地对待他们切实感受过的事情或者他们正在面对的事情。他们仍未建立起处理抽象符号的能力。创建新的符号——也

二　概念到实践 Conception to Realization　　077

作者在普纳的研究所，1989 年。

许是想象的第三阶段——已超出了他们的能力。只有教育才能克服这一难关。

上面所说的难关暗含着对建筑风格的需求。建筑风格为设计师提供了现成的可供选择的图像，根据使用方式的不同，不同的组合会呈现出与众不同的风格。设计师充其量会根据杂志上的简单规则对脑海中的某些抽象图像加以组合。

对头脑简单的设计师而言，后现代主义是当前最流行的风格。它就是一个符号（希腊三角墙、经典圆柱造型、帕拉迪奥圆花窗）系统，后现代主义者就是把这些符号拼凑到一起来创造"有趣的"外观。迪士尼世界中的图案甚至都被引用到后现代图像研究的辞典中。这种风格可能存在的缺陷都被昂贵的材料（花岗岩、意大利大理石、镜面玻璃、着色的金属）所掩盖了。就好像一个丝毫不具备吸引力的人，在现有的风尚影响下，他可以利用口红等化妆品来弥补缺憾。

符号的正当性是大家一直热论的话题。我认为，我们的建筑语言必须来自于建构的主题。简单地说，这些主题就是支撑、跨度和外壳。

我们可以思考一下支撑这个主题。我们一方面需要承重墙，另一方面也依赖着圆柱。虽然测地线和双曲线都会发生变化，但它们的应用是受到成本、劳力和技术约束的限制的。

从根本上来说，我们必须在框架结构和承重墙之间做出选择。但是，面对这些有限的选择项，我们可以决定材料、几何元素和外形。在 CDSA 校园里，我选择的是平行的石头承重墙。但是，它们的方向、间距严密性和彼此之间的对抗形成了一种兼有正负节奏的建筑顺序。

同样，跨度是横跨于上述墙体之上的横梁系统。外壳是推拉玻璃板的形式。在选择主题以及主题之间的相互关系时，我们需要发挥想象力。装饰物是之后不断增添上的。在 CDSA，装饰物是通过定位景观（窗户）、调节墙面（窗槛花箱）和指引空间走向（阶梯、台阶和矮墙）来支持主题的。方向和指向是由（提醒你一下，是只由）雕像、装饰性的壶和各种古董来确定的。但是，所有装饰物都会对建筑物的整体效果产生影响。我们在维持基本主题的前提下成功地应用到了完全不同的装饰套件。

建筑——真正的建筑——来自于一种主题语言，而不是装饰品、装潢或应用风格的语言。后现代主义就是建立在一种装饰语言之上的。它并不能被称为真正的建筑。它只是在室内装修完成之后对墙面进行了一些表面装饰而已。建筑师的本职工作并不是装饰。然而，天晓得，为什么如此多的建筑物要强加上大量的装饰。这只是一种化装，而不是对自然美的追求。从理智上来说，使用装饰品是小孩子的把戏。我们应该像蜜蜂和小鸟那样：它们使用一种专一的建筑架构（蜡状蜂窝或编织状的巢穴），并忠实于它们的主题。蜜蜂和小鸟并不是″理性的″思想家，它们只是依靠自己的本能来建造″房子″，而我们这些具有思考能力的人却弄得一团糟！

我们不是时尚产业的老前辈。我们也不是那些只知道快速致富却对建筑一无所知的客户的奴隶。我们是一种知识传统的守护者，在这项传统中，比例原则、结构体系、人体尺寸、材料的适当应用和有效装饰的选择都是艺术的本质部分。它需要我们把建筑的要素变成符号，并通过建筑中出现的各种相互关系对其进行配置：具有持久价值的建筑风格；表达人类更高抱负的建筑风格。

时尚是迟钝思想的弊病所在，也是低级品味的麻醉剂。″旁遮普巴洛克″或者种族时尚只是为未达到的目标而提出的一种借口罢了。

信件 12

回归基本

Back to Basics

如今，我们生活在以"底线（bottom line）"为基础的新经济社会中。底线就是利润。城市建设者无论提出哪种独特卖点——绿色建筑或者高技术环境，他们的底线就是要获取最大的利润，即使是以牺牲公益事业为代价。对企业社会责任（CSR）巧言令色是新公共关系战略的一部分，而现实却是在不断降低成本、牺牲社会利益的前提下增长容积率。这种新型经济已经衍生出一种新型建筑风格（与我所宣扬的新建筑风格完全不同）。

像所有生物一样，建筑师也受到生存和控制欲的驱使。他们会采取两种方式：

·宣传他们自己的以价值为基础的专业议程，创造与新型经济议程之间的最佳切合点；或者

·退而求其次，利用自己的技能为工业领袖们服务，巩固社会的底线。

犹豫不决的建筑师采取的就是第二种方式，他们也可能并没有意识到自己的行为。年轻的专业人员看到 IT 行业和管理部门中的同辈们在毕业不久就拿到高薪，看到自己的同学进入了跨国公司，并拿到高额的薪资。他们可能并没有意识到，他们正在与技术工人做比较，正在把专业与服务行业做比较。

我们必须回归根本，自我思考一些基础问题。专业人士是什么样子的？专业人士与工人之间要如何区别？职业教育和专业教育分别是什么？同时，我们也不要自

我蒙蔽。社会需要各种职业，我们必须对其加以尊重。但是，我们已经选择了一条更加艰辛的道路。作为专业人士，我们要积极体现自身的价值。这就意味着，我们要拥有一个专业信条；我们要拥有不可违背的基本价值和原则。我们拥有不成文的执业守则。作为专业人士，我们要让自己忠实于这个信仰体系，我们必须在这个体系之内开展我们的工作。

专业人士最重要的特征就是他或她的学术上的诚信。所有专业人士，不管是建筑师，还是律师、医生或会计师，他们都要持续不断地与自身进行痛苦的抗争，努力让自己忠实于自己的核心原则。世界上最受人尊重的会计事务所把客户的利益放在了社会利益的前面，这一事实被揭露之后的几天内，它就走向破产，关门大吉了。作为公司审计方，他们为安然公司（Enron）捏造年度报表，以获取巨额利润，而事实上，这家能源公司处于巨大亏损中。与此同时，公司管理者悄无声息地把自己毫无价值的股票以高价抛了出去。他们的职业簿记员、软件操作员和管理者都保持沉默。直到数百万计的工人失去他们的养老金，随着安然股票真正价值的揭露，他们的基金也随着安然公司一起破产了。所有职业经理、软件工程师和簿记员都悄悄地换了新工作。这些专业人士，这些审计员毁了自己的职业生涯和专业信誉。为什么？当他们向雇主出卖自己的信条、专业价值和学术诚信，在牺牲社会利益的基础上保护企业的底线时，他们也就丢失了自己的专业信用。他们把底线看得比"服务社会"的社会契约更加重要，看得比纳税人更加重要。

与那些职业人士一样，我们这些专业人士也拥有技术责任、程序责任以及持续提高意识和认识的责任。像那些职业人士一样，我们必须对客户、雇佣者和上司有所交代。像职业雇员一样，我们必须提交符合绩效标准的有效解决方案。但是，我们不能只是交付成果以及让事情变得更加顺利，或者在一个有缺陷的问题求解环境中使开始于错误假设的事情达到最佳化。我们必须回头去探究隐含的假设和出发点。如果这些出发点违背了我们的信条，或者我们的客户确实不需要专业建议，而仅仅需要职业雇员，那么我们就必须退出。

我们必须了解自己。我们并不是一种服务行业。我们并不是在客户的影响下提供货物和服务。"利润"是一种商业底线，但我们并不是商人，我们更像是心脏或脑外科医生。像外科医生一样，我必须向客户传达无可动摇的事实，并告诉他们能

罗比住宅利用了基本框架， 1909 年。

够获得最佳结果的正确途径。我们所要告诉客户的可能并不是甜言蜜语。我们推荐的程序和建议的技术原理可能并不是他们想听到的。我们的交付结果是我们专业价值和专业建议的物质表现。

许多年轻建筑师和建筑行业中的其他专业人士对跨国公司、房产公司和投资公司的职位趋之若鹜，他们的个人底线已经超过了他们的专业底线。我们经常会看到具备两至三年专业工作经验的年轻专业人士开办自己的小公司，而事实上，他们并不具备足够的经验和成熟来说服客户改变他们对底线的认识。在对待危及生命的医疗挑战时，病人会寻求最有经验的专家的意见。对于普通感冒，他们会从就近的临床医学学士那里寻求帮助。他们告诉年轻医生自己的病症所在，然后让医生给自己开相应的处方药。他们喜欢与年轻医生相处，因为年轻医生会像餐馆里的服务生或电脑操作人员那样按要求做事。

年轻建筑师和设计师必须认识到，他们也正成为商业幻想和预设方案的牺牲品。作为年轻人，在平衡社会成本和客户利益时，他们缺乏可信度。当公共利益成为底线运算中的一个因素时，他们可能就无法正确估计各种选择。在一些知名专业公司里，资深建筑师需要为年轻建筑师创建职业生涯选择项，对年轻专业人士而言，他们可以利用十年的时间来准备开办私营企业，或者在一家知名设计公司里建立一种终身合作的关系。

不管是我们的教育体系，还是设计行业，都解决不了这个问题。这应该是我们立即回归基本、拯救设计行业的时候了。

(2008 年 4 月 12 日班加罗尔 Malnad 建筑学院校友会上的演讲)

瞻前顾后

Looking Back and Forward

在此次采访中，贝宁格回答的是关于在一种未来的建筑的演变过程中客户所扮演的角色的问题。

新世纪向我们提出了许多问题和期待。在建筑这样的领域中，我们应该期待什么呢？

建筑的改变并不是一朝一夕所能够实现的。它的转变滞后于技术、经济和社会趋势的改变。但是，最重要的是，它的转变滞后于客户"愿景"的改变。与建筑类型相比，我们应该更加关注新世纪出现的客户类型。优秀的建筑师将会成为优秀的预言家。他们会意识到各种问题，以及由这些问题所引发的社会和经济走向。

你之所以讲到这点，是因为你把它当成一个关键点。你能够讲得再详细些吗？

与许多艺术不同，建筑需要把客户当成一个起点！绘画、音乐、诗歌、雕刻和许多其他艺术行为都是由艺术家的自身努力决定的，甚至都是以他们个人的艺术幻想为基础的。他们获得灵感，创作某种东西，然后有人买它。但建筑并非如此，要想让建筑蓬勃发展，一个社会必须拥有资助者，而不是客户。

你会怎么样区分客户和资助者？后者不是前者的一种表现吗？

客户只是想寻求一种以最低成本产生功能性结果的工具。他们缺乏远见。他们无法理解理解建筑的潜能，他们也无法理解一座建筑物可能会成为一个传达超越性价值的标志。那些想利用建筑物向社会传达优雅和诗意的客户才能被称为"资助者"。

他们把信仰寄托于一个艺术家身上，并且允许他自由探索他们的建筑物所具备的抒情潜力。

你所说的自由，是指他们会让建筑师随心所欲吗？

完全不是！事实上，他们会与建筑师一起参与到设计进程中。他们知道"质量时间"意味着什么。他们会仔细检查建筑师的建筑计划、时间表、成本预算、场地布局、概念设计、工程量清单、建议承包商、变更单、支付凭证等。但是，不同的资助者会拥有不同的行事风格。有些资助者会非常忙碌。他们知道，如果把事情交给一个经理去做，事情就会搞砸。因此他们会说："它就是你的孩子，一定要好好培养它。你是专业人士，千万不要让我失望！"

这听起来很令人向往，你可以给出几个例子吗？

当然，这里有许多例子。尼赫鲁在昌迪加尔资助了勒·柯布西耶，维克拉姆·萨拉巴伊在艾哈迈达巴德资助了路易·康。例子还有很多！无论资助者来自哪里，他们的目的都是要给社会献上一份礼物。这就是哈里什·马辛德拉运作印度马辛德拉联合世界学院的方式，也是 B.S. 蒂卡运作 Samundra 海洋研究学院的方式。我非常幸运拥有这些资助者：南德·马亨德拉、拉胡尔·巴贾吉夫妇、基洛斯卡一家、加尔各答印度管理学院理事会、苏司兰的图尔斯·坦蒂、塔塔集团、B.S. 蒂卡和不丹皇家政府内阁。

你的意思是新世纪的建筑类型依赖于客户类型或资助者类型吗？我们将会获得新型建筑类型吗？

当然！我们已经迎来了新型建筑类型。除非客户们有远见——不仅仅是未来的利润，同时也包括他们为雇员、学生和后人创造的环境类型，要不然他们完全称不上是资助者。

不久的将来会是怎样的？我们不应该向经济中的领头行业看齐，并注意他们的行动吗？信息技术业突飞猛进地发展，对建筑而言这肯定是好消息。他们不会造就伟大的资助者吗？

信息技术业是一个优秀的例子，即使它面临着厄运。在过去的十年里，信息技术公园和信息技术城市如雨后春笋般出现。但是，总的大环境是比较消极的。信息技术业与建筑拥有相同的困窘情境。尽管它们在过去十年中在新校园里投入了大量

作者设计的 Suzlon One Earth，2009 年。

资金，但没有引起人们的关注。当建筑被关注时，它们则错失了良机。它们并不是仅有的失败者；社会也已经错过了一个大好机会！

你是说新型信息技术公园和城市不好吗？

我并不是说不好，因为企业得到了自己想要的东西。设计缺乏创见。它们没回馈给社会任何东西。它们没有表现出未来的美好前景，也没有传达出过去的尊敬。它们至多像飞碟一样有趣滑稽；至少就是模仿罗马古典风格。

你可以说得更具体些吗？

好的。大多数信息技术工程只是像小孩子一样，利用哭闹来引起他人的注意。它们就是那些想获得名声和赞誉的客户的真实写照，像摇滚明星。即使校园里也是充斥着各种稀奇古怪的形状：希腊风格、罗马风格、早期丑陋风格、后期现代风格和后现代风格全都集中到了一个校园里。这里根本没有秩序可言，各种元素也根本无法达成统一，更谈不上建筑语言了。本来极其平凡世俗的建筑风格却要极尽疯狂地表现得壮观宏大。一家技术公司可以把金字塔、地球、鸡蛋、锥形体、巨型绿廊和罗马广场等各种造型混杂在一起。这算得上是建筑统合失调症。它反映了企业和企业领导人在认知方面的欠缺。

你认为这是一个未来的征兆吗？

我认为它确实是一个征兆，但它并不是未来的征兆。这里仍然存在有远见、遵循传统的人，仍然存在理解艺术和建筑的人。我曾经有过许多次卓越的体验，我也知道这种体验并不会结束。资助者会不断演变，不断出现。我们无法断定这些资助者会来自哪里。他们应该知道何时质疑建筑师，何时表扬建筑师，以及何时该严肃对待。有些机构也会成为资助者。谁知道未来的某一天一个信息技术团队可能创造出建筑奇迹呢？又或是创造出一所谦逊有礼的校园呢？我认为不久之后这种情况就会出现，只是时间长短而已。

现在征兆出现了吗？

根据信息技术企业的演化史来看，这里出现了一个明显的成熟过程。他们逐渐地对社会、慈善事业、场所营造、人性化和建筑产生了兴趣。阿兹姆·普莱姆基基金会就是一个很好的例子。

建筑师可以做什么？

我们过多讨论的是自学，却很少关心公共与客户的教育。建筑杂志正在做出尝试，我感觉它们已经产生了一定的影响。但是，我们属于一个非常自我放纵的行业。我们花费太多的时间相互交谈。我们也必须学会与他人交谈。我们需要具备不屈不挠的精神。我们需要充当客户的领路人。我们必须缔结契约，我们必须坚守自己的职业道德。我认为，只要忠实于客户，我们就可以开导他们。他们可能对第一次见面感到恼火，但他们会记住你，他们可能会在不久之后再回来找你，也可能尝试以后向你展示出他们并不是你想象中的那样笨。但是，无论何时何地，他们都会回归到建筑中，因为每个人都拥有自我，每个人都在学习，每个人都处于一个学习曲线中。

(2009 年 7 月 /8 月在 *A+D* 期刊中的讨论)

现代化之重要性
The Importance of Being Modern

信件 14

现代、后现代与缺乏活力

Modern, Postmodern and the Intervention of the Effete

一座建筑的实质就是持续性的实质：每项工作都拥有一个先例；每项工作都包含了之前所有的建筑经验。一个优秀的建筑同时也为未来的工作埋下了伏笔和成长的种子。可能这就是优秀建筑鲜少存在的原因。

我希望所有建筑师在到达顶峰的过程中都能遵循一条理性的道路。但是，我们的精力过多地牵涉到一件昂贵的礼物上去了，它把过去推出了我们的视线，只关注当下的时刻。在这个体系中，一座建筑物不再是一件艺术品。它不再是一件永恒的事物，或者能够连接过去与未来的事物。它只是当前许多事情的其中一件而已，它与将来无关。在我们这个高节奏运转的社会里，没有人会再拿出时间来思考或者沉思，人们制造的东西只会引来短暂的关注，这些东西丑陋、奇怪、异常，却完全达不到令人叹为观止的程度。这就是我们的时代所存在的病症。这就是一个没落社会的现实写照，没落的设计师创造出各种毫无新意且毫无价值的东西，它们不属于任何人，对社会、对未来没有做出任何贡献。

我们今天可以发出这种言论，其实在 1983 年这个言论早就应该出现了，当时，芝加哥学派——一个现代意识学派——已经被人遗忘。当时出现了许多受商业客户支持的商业建筑师，他们吸收了法国学术界的糟糕品味，在他们的冲击下，芝加哥学派也就逐渐淡出了人们的视线。1893 年芝加哥的国际展览馆就是由石膏组成的巴黎美术学院风格的狂妄作品，完全掩盖了建筑物的真实结构。它引用了罗马穹顶、希腊圆柱及巴洛克风格和细节。混凝土、玻璃和钢制品的新技术都被搁置到了一边。快速成功的欲望代替了锲而不舍的探究。这个展览馆就是对现代建筑师的一个沉重教训。他们知道自己失败了。

建筑师的思考型团体在 20 年后重新恢复了对自己的认识，这都要归因于这项"现代项目"——现代建筑作为一种唯美主义和社会运动的出现。一种使命感油然而生，建筑师会根据自己在历史长河中所处的地位而把握他们的艺术、生命和命运。下述内容从时间和历史的角度分析了这一现象，正确地说，至少在 80 年代，这次运动又被伪装在后现代主义理论之下的法国学术界所利用了。

"现代"的含义

"现代的"是经常被用来描述各种事物的形容词。它的含义是什么呢？我们可能并不知道它的真实含义，但在建筑中，我们所有人都知道"现代建筑运动"，我们也都听说过"现代建筑"。同样，我们听说过"后现代主义"，却并不懂得它的含义。

如果我们不了解这些运动，就意味着我们是在真空状态下进行设计。在有希望的情况下，某些理性逻辑能够指引我们创造出具有功能性且适合居住的建筑；我们通过背景经验学习如何解决遇到的各种问题，建立绩效标准、创建选择项并对其进行评估。

但是，大多数建筑师会受到杂志、期刊和媒体的诱导，因为压力或者竞争而进行设计。我们在电视和报纸上看到宏伟的建筑特技，我们会想"我们能够创建出这样的建筑吗？"我们受到"电脑化建筑（cybertecture）"等词语的吸引，并且相信未来必定如此，而事实上，现实仍旧如此。

在接下来的讨论中，我会讲到，我们所有人都被愚弄了。我们不知道自己在做什么。我们并没有利用自己的大脑，理性地思考问题，反而利用社会新闻和时尚新闻来决定我们的穿着，就好像生活是一个大型时尚台，稀奇古怪的服装成了大家的评判对象。我们所有人都想呈现出"现代感"，对"传统"嗤之以鼻；我们想要成为"开放的"人，对"保守的"人不屑一顾；同时，我们总想跟上时代的脚步。

我所说的是，想要表现出"现代感"并不是说要表现得与众不同，我们是一个价值体系的一部分，我们要拥有一种远见，知道自己的使命，并为此设置一项议程。我们是建筑师，并不是一个追逐选票的政治团体。我们的愿景是不断变化的，我们每个人都必须设置自己的议程，把我们的价值观灌输到我们的作品中。因此，我所说的并不是一种指示，而是一种"思想的筛选"，帮助我们每个人习惯于我们自己的"舒适区域"，知道我们是谁，知道我们在这个伟大行业中的定位。我认为，我们首先要讨论一下"现代"这个词语对我们的重要性是什么。对我而言，这个词语，甚至可以说是现代这个词语的概念拥有多个不同的来源和含义。接下来，我会分享一下我自己的观点。

美国现代感

在美国，"现代"这个词的意思就是"最新的"。它含有某种创新发明的意味。同样，它也可能暗含有一种时尚、时髦或包装的意思。它可能只是一种"新面貌"或"流行"。美国汽车行业每年都会改变汽车的式样，并且每次都会进行大肆宣传，似乎是以此来表明去年已经结束，新一年的到来是一个举世欢庆的大事。另一方面，欧洲和日本汽车制造商则是逐步地做出改进，但汽车车身和式样大体是不会有所改变的。事实上，与美国汽车的"新车体"相比，他们可能在车体内部进行了更多的改进。在以媒体为导向的消费市场，所见即所得。时尚秀里，模特走在T型台上，身穿各种荒谬可笑的衣服，以此来吸引众人的眼光。身穿比基尼的肌肉男和骨瘦如柴的女孩在T型台上走来走去，看起来极其无趣。这就是我们所有人都要参加的时尚游戏。我们被期望向奇装怪服拍手称好。毫无品味、方案和策略的社会名流在米兰时装展中占据了最前排的位置。如果他们不知道如何选择他们的穿着，他们如何成为艺术或建筑的资助者！新经济、新城市、新建筑和暴发户全都是假冒的。他们是以浮浅品味和财富为导向的致富阴谋。书写学术文章的高收入评论家把糟糕口味渗透到了当代体制中来。期刊和博物馆管理者都在玩着相同的游戏，都在寻找可爱的事物、搞笑的事物、奇怪的事物、宏伟的事物或者夸大的特技，却毫无意义。新建筑风格就像19世纪英国公园里的时事讽刺剧，就是一种感伤的笑话，最多算得上是怀旧。

建筑是一种更加严肃的工艺。一旦建造起来，我们就无法把设计丢进洗衣机里，或者把它们丢弃给贫穷的姑妈。我们的努力在一段时间内都不会被忽略。也许"当代的"这个词语用在这里比较适合，因为它可能涉及到了我们生活和建筑所在的时代，涉及到了它的技术，同时也涉及到了它的社会结构、生产模式和加工过程。

我们需要对美国"现代主义"进行进一步的考察。大多数美国人会随时接收外国文化。他们想要吸收精华，丢弃糟粕。他们想要从过去传统的束缚中解脱出来，对自己重新定位。也许正是丢弃传统和自我探索才使得美国现代主义具有如此大的吸引力。

欧洲现代感

在欧洲，"现代"代表着一个年代或者一个时代。在科学和哲学领域，伽利略和笛卡尔是"现代时期"的引跑者。上帝、圣约和宗教被经验观察和科学结论所代替，开始向公理转变。现在成为了人类主导世界真理的时代。现代欧洲的精神信仰起源于希腊哲学，并逐步发现自己陷入了各种急需解答的疑问中。它开始质问世界，不仅是为了满足所有特殊的实际需求，同时也是因为求知欲已经掌控了人类。

人类渴望世界上的善与恶可以完全区分开来，因为我们期望在了解事物之前就能够作出判断，这是我们与生俱来的特性。宗教和意识形态就是建立在这种期望之上的。这种"非此即彼"的方式使得人们无法容忍人情世故的实质相对性，也无法理性地看待"最高法官"的缺失。这就使得不确定性的智慧难以得到接受。现代欧洲之旅就是一个从封闭的传统社会向相对性和不确定性社会转变的故事。当上帝慢慢离开座位，不再管理宇宙，不再控制它的观念秩序，不再区分善与恶，不再赋予每件事物以涵义时，人们也就会开始重新定义上帝的形象。欧洲所设定的世界是它永远也无法辨识的。当"最高法官"离去时，这个世界就会出现极大的不确定性；唯一的神圣真理也就分解成许多相关的真理。"现代时期"也就因此出现了。

根据笛卡尔所说，思考本身就是每件事情的基础，因此我们必须独自面对世界——我思故我在。这使得个人英雄主义感变得非常神圣。塞万提斯则更进了一步，他认为每个人都要面对不确定的世界；人们要面对的不是一个绝对真理，而是面对许多相互矛盾的真理。一个人在这个迷宫中的唯一确定感就是拥有不确定感的智慧。唐吉河德和整个欧洲村都抛弃了他们乡下传统的信仰体系，转而寻找经验真理和本身的重新定位。人类觉醒了，并且开始对自己进行重新改造。

"现代"即是"进步"

美国和欧洲的"现代主义"逐渐形成了"进步"这个概念。这个概念见证了某个时期的历史，并且预示着持续不断的"进步"和提高。进步这个观点起源于 19 世纪和 20 世纪的各种发明，这些发明重新定义了人类文明，其中包括了电力、灯泡、电话、电影、收音机、电视机、手机、数字技术和网络。在所有领域中，技术都控制着人类行为、生活方式、外交关系和权力。

"进步"见证了被不断被攻克的疾病；见证了民主政治逐渐替代专制政治；见证了各个机构变得更负责任以及更加透明化；见证了住房和生活消费品变得越来越便宜，越来越普及；见证了少数人的权利变得越来越神圣；见证了法律、秩序和正义变得越来越公正；见证了教育的不断普及，也见证了随着知识、技能和敏感性的不断提高，授权越来越大众化；见证了政治对立性的缓和共融性管理的加强；见证了更具持续性和生态敏感性的提高；见证了边界的消失、经济体系的整合和社会保障制度的普及。从第一次世界大战至今，"进步"的这种广泛含义主导了我们对"现代感"的看法。它调和了社会主义的概念；并在大多数资本主义国家计划并混合了各种经济体和社会保障体系。现代建筑的根源在于 19 世纪的科技进步。詹姆斯·瓦特的长跨度铁板结构、帕克斯顿的水晶宫、艾菲尔的宏伟大厅和铁塔、芝加哥学派和随后的工艺运动、包豪斯建筑学派和国际现代建筑协会，全都把这些孤立分散的思想纳入了一场统一运动中。

三种强大的进程奠定了"现代建筑"的基础。它们在 19 世纪逐渐成熟，并且在 20 世纪变得更具整体性。这三种进程就是科技、社会改革和最近的反贫困战争。颓废主义是一些伪装者的压制统治。与廉价的剪贴式商业建筑相反，这三股力量使得建筑成为了"进步"过程中不可或缺的一部分，疯狂的重商主义出现于 19 世纪 80 年代，随着新经济的到来以及财富的日益失衡，堕落的商业建筑也就出现了。现代建筑运动也随着发起者的死亡和没落商业建筑的发起者——新一代以大西洋为中心的建筑师的诞生而逐渐凋谢了。他们的作品都是隐藏在后现代主义新法国理论的伪装之下。当然，在依赖法国学术的同时，他们也宣称自己是构造主义者和解构主义者——所有风格都不包含社交内容，同时技术的表达也与技术的应用截然相反。这种新建筑与美丝毫沾不上边。它的存在必须是以一种神秘的理论为基础，越含糊不清越好。

现代建筑

现代建筑属于我们这个时代。但是它到底有多"年轻"呢？创建于1851年的帕克斯顿的水晶宫年轻吗？19世纪前十年创建的瓦特和博尔顿的纺织厂新吗？艾菲尔铁塔或者为1855年、1867年、1878年和1889年举行的巴黎博览会创建的机械展廊系列新吗？所有这些结构都属于"现代建筑"，并不是因为它们新，或者是因为它们属于现代，而是因为它们巧妙应对了自己所处的人类环境以及社会和经济时代。它们之所以属于现代建筑，因为它们通过前所未有的科技真诚地表达了自己。也许科技就是它们实现现代化的关键因素。所有这些结构都表现出了对虚假的石膏新希腊派建筑、新埃及风格建筑、新西班牙殖民风格建筑和杂乱无章的新罗马风格建筑的强烈抗议。即使今天，我们这个时代的商业建筑也占据了我们城市景观的99%。这种虚假的表达是对我们的智慧和品味的一种侮辱。拿一家最高水准的IT公司来说，它在迈索尔建造的培训学校看起来就像一个罗马广场，有庞大的柱子，有一个宽阔的广场，门廊上面还有三角墙。我可以想象出我们的IT产业的领导者们身穿宽外袍，头戴百夫长的头盔，手拿长矛，给新成员们做演讲。也许这个城市结构的创造者也是内外不一的？可能他们所表现出来的并不是真实的一面。

因此，现代建筑位于"外观"与"本质"之间的断层线上——这是谎言与真实之间的不确定空间。这道鸿沟产生了以"现代建筑"特征的三个层级的内容：

与颓废主义、消费主义和商业主义的谎言进行对抗。

寻求人类生存环境的改善。

追求善与美的过程中科技的应用。

后现代主义

大约40年之前，也就是大约1970年，建筑就开始停滞不前。这种停滞都是由

艾菲尔铁塔

萨伏伊别墅，勒·柯布西耶设计。

"后现代主义"引发的。似乎所有对现代建筑运动的关注都进入了长期的休眠状态，建筑师们的思想也被冻结了。哲学与文学批评领域中的一次法国运动给伟大的艺术灌输了错误的观念。建筑师们开始愚弄自己和学生，称自己为哲学家。他们猜想，通过与雅克·德里达发生关系或者引用米歇尔·福柯的话，他们就会变成巴黎哲学家。常春藤学院的老师们开始在法国哲学界翩翩起舞，就像上足发条的塑料玩具，在我们面前蹦蹦跳跳！这种自欺欺人和不经世事的表现恰好出现于以自我为中心的时代。它与投机赚钱不谋而合——华尔街的无劳增值和股票增值。大萧条时期以来停歇已久的重商主义又出现了。财富成为了地位的新标志。19 世纪末的巴黎美术学院把美国和欧洲的现代建筑运动扼杀在了萌芽状态，像它所产生的影响一样，这种错误的观念俘虏了建筑的实质。我们默默地丢弃了对功能性的追寻。商业化装饰再次溜进我们的建筑语言中。社区设计、经济适用房、露天场所和公共领域都静静地退到了次要位置，并逐渐地退出了我们的视线。表达的诚实性、在寻找材料功能时与材料的对话、天然和表现力都逐渐消失了。诚实的美学被消费主义和市场营销代替了。取而代之的是有趣的想法、聪明的小特技、宏伟的纪念碑式建筑、虚假的包装、季度的流行、时尚和广告板式建筑。随着人们与城市环境的不断疏远，一条巨大的鸿沟逐渐出现于现代的城市文化中。消费公众被抛弃于无情的城市倦怠感中，被抛弃于默然接受的茫然感中，完全与社区、街坊甚至邻居失去了联系。电视、网络和购物代替了宴饮交际。富人忘记了穷人的困苦，穷人拿起了信用卡。

在过去四十年里，数以万计的建筑物拔地而起，但很少对建筑的本质有所补充。它们既没有激发或促进人们之间的互动，也没有对格拉纳达和塞维利亚这种小城镇的城市文脉中自然发生的事情给予支持。平凡的、慵懒的、受欢迎的城市聚集地已成为数世纪以来人们生活中不可替代的东西。所有这些都被当成废弃物扔出了窗外。这些新建筑物根本没有创造人类世界的新篇章，它们只是确认了早已存在的东西，从而实现它们的意图。它们证实了生活中的愚蠢面，它们并未创造任何东西，因此也就无法参与到建筑演化过程中。它们站在了建筑历史的门外，或许"后现代"的意思正是要说明它们永远落在建筑历史的后面。

后现代建筑——颓废主义

一座建筑存在的唯一理由就是要探索唯有真正的建筑作品才能创造的东西。无法表达世界未知片断的建筑是不合格的。揭示知识是建筑的唯一现实性。只有不断的创造才能构成现代建筑的历史。建筑的真理是受情境影响的，而不是由某个国家决定的。印度、欧洲和拉丁美洲中有意义的建筑是非常类似的。只有在一种跨国情境中，建筑的价值才能完全被揭示和理解。

科学的崛起把人类推向了专业学科的道路。人们在知识上提高得越多，对世界或本身的认识就会越模糊，我们会因此进入米兰·昆德拉所说的"遗忘现实"状态。随着西班牙殖民地人们生活方式的改变和罗马信息技术中心人们工作方式的改变，建筑风格也会随之发生改变。也许人们在晚上会喊喊喳喳地议论，把科林斯式俱乐部比作一种令人陶醉的古巴利布瑞酒。每件事情都是虚假的、伪装的。所有都是虚无缥缈的，丝毫没有现实感可言。想象工程已经成为虚假学科，甚至人们的生活都变成了一种伪装。在现代世界里，商业建筑售卖的全是梦想、时尚、伪装和想象，与现实完全相背离。现代住宅区就是加上幻想商标的投资园。购物中心成为了逃离现实的游乐园。当你感到失落，当你的爱人远离你的时候，你可以去购买衣服、一片 CD 或者一些软件。

如果列奥纳多·达·芬奇和米开朗基罗与塞万提斯和笛卡尔一样都是现代人，那么他们遗愿的完成对建筑宣传和风格的影响就不只是蜻蜓点水似的了。它应该会标志着现代时代的终结。事实上，现在所发生的只是一种恐怖主义行动罢了。虽然谋杀未遂，但这次运动的火焰并未熄灭。我们知道，建筑与人类本身一样平凡，终有逝去的一天。我们的建筑学院里根本就没有生命的诞生，更谈不上什么谋杀了。作为人类精神的一个模型，建筑与人情世故的相对性和不确定性密切相关，它与商业环境之间的关系是不可调和的。建筑并不是简单的剪贴、宣传、图案设计或者品牌化。这种不可调和性远比人权守卫者和施虐者之间的矛盾深刻，远比常人与基要主义者之间的矛盾深刻。它重视艺术表现的本质，反对世俗或政治思维定势；因为建筑真理的世界和商业主义的世界起源于完全不同的物质。市场营销、销售术、以消费品为基础的新经济以及新城市主义的新世界是一个极权主义世界。这个"后现代"世界要面对着各种涉及到白与黑、好与坏、对与错以及真相方面的议题和决定。品牌化使得模糊不清的信息毫无立足之地。品牌化并不是一种探索、一种冒险或一个旅程。它是通过剪贴制图法和创意来不断冲击人类心灵的声明。建筑面对的是细微差别、相对性、个人角度、人类体验和模棱两可的抒情性。商业世界则把相对性、疑惑和质疑排斥在外。它永远也不可能容纳建筑精神。

现代建筑的议程

现代建筑并非指代现代的建筑物。它是一种社会、经济和历史架构中的概念化思想状态。现代建筑是一种实在形态，因为它的出现经过了一种变革的过程，其影响也具有使命感和远见。建筑的现代愿景就是要为所有居民创造了一个更加美好的世界、一个理想的世界，甚至是一个完美的世界。我们可以在达·芬奇的理想之城（Ideal City）的设计精神和他的前辈及后辈的设计精神中看到那种使命感。人道主义已经成为号召数以千计的年轻建筑师投身于现代建筑事业的旗帜。平民生活、城市生活和城市风格已经成为这个事业的中心焦点。市民空间、林荫大道、公园、庭院、河边地区和整个城市中的概念已经在建筑这块调色板上存在了数个世纪；但是这些乌托邦式梦想实质上就是通向美好生活的一个旅程。这是每个人都有权利经历的一个旅程。

通常来说，这份工作激发起处于工业化和城市化洪流中的人们对于简单绿色的乡村生活的向往。即使是精致的乡村别墅的设计，建筑师们也会试图表达出一个可

勒·柯布西耶的 Ville Radieuse，1930 年。

能的未来。世外桃源是人们脑海中对男耕女织社会的浪漫构想，是一个和平的地方，它是联系村庄、农场和城市中有识之士的艺术力量。城市规划和城市设计议程针对的并不是那些伟大的设计表述和英雄纪念碑，它们是要使每个人生活在由美、工作、娱乐、居家生活和沉思组成的世界。勒·柯布西耶的 Ville Radieuse 就是一个抽象的概念，那里生活和居住着许多人。在那里，每个人都可以寻找她或他的个人机遇。赖特的广亩城市对美国环境进行了同样的探索，并表达一种理想的生活方式，使每个人都能过上理想的生活。这些理想化规划都不是用来解决问题的方案，它们是鼓励新想法的象征性姿态。在上个世纪中期，塞尔特就赞助了某些良好的城市设计和规划。他在哈佛大学开办了首个城市设计课程。在我的个人工作室里，我们也通过斯里兰卡、印度和不丹的规划工作宣扬了智能城市生活的原则。

尽管对于所有人来说，创造一个和谐的生存环境是我们议程中的重中之重，但科技对于整个议程而言也具有同等重要的作用。勒·柯布西耶对房屋的描述——一个用作居住的机器——同样应用于城市。当然，这只是一个象征性的说法，也就是说，如果每个人都能够有栖身之所，那这个场所应该像手机、自行车和飞机一样被设计和生产，而不是像一个高级雕刻品、伟大的画作或陶瓷碗。

如果要推进这个议程，我们就必须与其他议程抗争。商业建筑拥有其独特的基本原理、独特的构架和独特的议程。商业建筑遵循的是容积率、廉价材料、浮华的门面、创造虚无的幻想。同时，这也有写作和理论的学术议程、艺术领袖的博物馆议程、创造和破坏艺术家的媒体议程。所有这些议程都拥有同一个商业目标。所有这些议程都为了占据主导地位而结成联盟并布置战略。因此，我们不能做生活和身边所有变化的旁观者，我们必须参与进来。建筑师应该充当领导者，而不是跟随者。

信件 15

想象与空间创造

Imagineering and the Creation of Space

许多城市理论家提出了一个关于城市形态决定因素、城市规划和设计的核心问题。最值得注意的问题就是，专业人士的理性决策是否会持续成为设计城市空间的方法。新理论家提出，城市形态会变成另一种商品——如果不是为了赢利的商品，那就是用来消费的商品。或者可能像布莱克在《上帝自己的垃圾场》（*God´s Own Junkyard*，1964 年）中所阐述的那样，我们的城市环境可能变成一种副产品，或者更糟糕的是，变成生产和消费过程的废弃物。

设计的力量

在《迷狂的纽约》（*Delirious New York*，1978 年）中，库哈斯证实了〝商业〞和〝市场〞在大项目塑造过程中起到了形成性的角色。没有人怀疑过资本主义是塑造自身产品和指引〝人民政府〞规划的催化剂。但是资本主义超出了利润的范畴：它涉及到了统治和权力的实践。资本主义并不仅仅是创建一家高效率的工厂，或者一座可赢利的办公大厦；它超越了发明、版权、包装、市场营销、销售和利润。它涉及的是表达决策者的角色及权力地位的肖像。克莱斯勒大厦、中国银行和洛克菲勒中心的思想与其他事物一样都是表达的一种形象。这些建筑物创造出了纽约和香港的标志性形象以及影响这些社会的力量。如果没有这些形象，野心勃勃的竞争者早就把这些实体给吞没了，民族国家也是如此。在国际政治和跨国商业中，生存意象和成功意象之间存在着一条模糊不清的线。

我建议把争论扩展到权利地位领域中去，并且要讨论政府、企业和其他大型机构要如何利用城市空间和城市位置来调和这些领域。

自主权和大小层级尺度

我们在这里需要处理另一个问题——城市设计师的决定论。艺术自主性这个议题已经被纳入考虑范围中。根据后现代主义所说，尽管伟人理论可能都属于陈词滥调，但这遗留了一个议题，那就是专业团队考虑周到的决策和他们的诚信在整个进程中所起到的作用。企业想象工程——虚拟现实与真实表达的创造间的对抗——已经被模拟成了一个整体解决方案。我想建议，设计的产品越大，创造者的自主权或个人作用就应该越小。就此而言，随着产品的大小和规模的不断增加，任何大型专业设计团队的自主权也就应该降低。与其相反的话，设计经验就会缺乏人体尺寸、比例和文化意涵，逐渐转变成为了品牌经验。

我感觉，Team10早在60年代就开始探索这个困境，他们也说到："如果人们都失去责任心，那么没有人会成为设计师，只有通过创造一个拥有相关原则的价值体系，我们才能把好城市大型基础建设的质量关。"

Team 10的许多作品都是采用了可以产生上述原则的小项目。奥尔多·凡·艾克的公园（他的孤儿院）和康迪利斯的柏林自由大学都是往这个方向看齐的重大项目。另外，这里还有"方法"的问题，国际风格和其他思想学派缺乏价值基础和城市架构需求的抒情表达。

在这个大小层级尺度的下端，人们仍然可以设计咖啡杯、椅子和屋子。这些议题也出现在了大型城市架构的设计中。尽管艺术家可以为自己设计椅子或者做一个雕像，但椅子和雕像无法构成一个城镇。这种大小层级尺度似乎产生了明显的判别力，因为一个城镇的设计会涉及到更多的人，这里有更多的科技选择，它们会影响着数以千计居民的生活和消费模式，影响着城镇中的企业和群众。另一方面，通用汽车这样的企业也不应该成为"艺术家"，他们要劝说政府把各种补贴用在能源、各种交通工具、道路和城市布局上。

令人烦恼的就是，思考趋势、企业利益和政治智能开始集中于一点。像国际现代建筑协会的信条一样，新城市主义的美国信条承载了城市设计食谱式规则的危险性。回溯到规则的灵丹妙药，即使精明增长模式也把非信徒贴上了"自由主义者"的标签。可能你不知道，在美国英语中，那个单词是用来形容利己主义或者新型保守派的，也就是说自由主义者倡导的是凌驾于公共利益之上的个人自由。这也确实存在着一个必须由城市设计师和规划者处理的更深层次的问题。我们在设计过程中真正追求的东西是自主权吗？或者我们追求的是对某些社会和环境契约、对各种原则、对各种思考方式负责任的设计吗？

任何事情都可能发生！丑陋也可成为流行艺术！

罗伯特·文丘里和丹尼斯·斯科特·布朗开始以安迪·沃霍尔看待番茄酱罐头的方法来看待城市景观——把它看成是一种流行艺术，或者相关的文化表达。可口可乐无疑是流行图像的一个重要部分。但是，我们不能称之为"流行艺术"。60年

时代广场

莱维敦

代抗议的象征——举起的拳头才是"流行艺术"。与人们的艺术不同，我们周边出现的全是企业的常见图像，不知不觉中，它们也就在我们心中留下了印记。时代广场 (Times Square) 就是一个例子，但是相比较而言，它的排列方式并没有那么明显。我总是对沃霍尔、布朗和文丘里产生深深的疑惑感。他们期望抓住人们的眼球，根据某种思维方式美化了丑陋。沃霍尔模仿和复制的是企业生产的图像，而不是来源于民间或百姓生活中的艺术。布朗和文丘里美化了美国消费者社会的剩余垃圾。想法很有趣，但也仅限于此。

　　库哈斯的纽约市的贵族们在赢利的同时，还想要让他们的大型工程充当着他们家族名声与声望的象征。但是与宣传产品或者为产品或普通品牌化经验创造空间相比，这更是一种自我宣扬的文艺复兴时期的精神。这种虚荣与傲慢中存在着一种正统性——艺术与自我间的密切结合。

沃特·迪士尼公司就一直表现得与众不同。它设计了多个"品牌名称"，受空间限制的每种产品都拥有独自的市场定位和商业价值、包装以及市场营销方法，而且都取得了巨大的成功。从米老鼠到加勒比海盗，它们的销售品名都为我们所熟知。迪士尼公司曾经开办了一个房地产部门——迪士尼开发公司，这把"想象工程"从电影摄影场搬到了大街上——新城市主义市场。奥兰多迪士尼世界附近的佛罗里达千年村就是他们的第一个产品。尽管莱维敦属于相同的类型——把美国梦包装成一种适用的商品——千年村项目更多的是依赖于图像，而不仅仅依赖于良好的地理位置和可购性这些功能性因素。为了在城市构架之外创造产品，像品味制造者和莱维敦区住户这样的研究探索了包装和市场营销的使用。我们的关注点也因此变得具有持久性。

　　即使假设城市设计与规划像艺术一样高度自治，很明显没有人能够独立完成大规模的城市构想，如何从总体控制与其商业意象中选择呢？

　　　善意的忽视；

　　　参与式的设计；

　　　增加本土性；

　　　专业规划以价值为基础的设计团队；和（或）

　　　具有高瞻远瞩能力的独立个人。

　　上述五条是更加虚幻的命题。更加可能的是，大型企业或政府团体可以组合应用这些选项。

空间如何利用人

　　事实上，与空间创造过程相比，空间的利用才是真正重要的。从这种意义上来说，我们应该更关注于"概念"，而不是生产。或者相反地，空间利用人的方式应该引起我们的关注。我们起初想到这一点了吗？迪士尼创造了各种空间、各种角色和故事情节。迪士尼从职权范围、绩效标准和产品成分与特征方面的清晰概要开始，从对目标顾客的明确定位开始。事实上，消费者和产品必须要为顾客提供什么才是概要的核心内容。企业动画中应该有值得我们学习的东西。作为设计师，我们必须知道，我们的艺术作品所产生的作用是什么，它们要如何感动他人，它们如何表现情感和经历。引起争议的是，迪士尼设计方法完全把环境排除在外。如果它需要一个湖，那么它会引入设备，再建一个人工湖。如果有一个湖挡在它的面前，它会把这个湖填上！与之相似，人物被具体化，并被设计成特定的角色。尽管这个项目像大多新城市主义社区一样对较高密度、小路和公共开放空间提出了相同的要求，但人们会对可能出现的社会互动种类产生质疑。高成本、脱离工作场所和有限的房屋设计类型让人产生这样的结论：这个社区将会成为一个为富裕的英格兰人准备的。千年村项目引发了多个关于不均匀性、职业和工作机会、多样性的社会话题。美国城市总是具有世界性的特色，其中混杂了美国本地人和移民。迪士尼幻觉中没有"新手"，只有资深投资者。它是一个产品，而不是一个社区。

　　某些空间是令人欢愉的，并能激发社会互动。某些空间会引发人们的好奇心并指引着人们的兴趣。其他空间则负责满足多样性和多样化的需求。一个空间体系可以确立事情进展的顺序，这也就挑战着使用者的空间智慧。作为城市设计师，我们可以创造用来放松的角落、用来享受阳光的台阶、与朋友独处的角落、可以用来坐下来闲聊的矮墙。庭院可以是一个乏味的空壳，也可以成为一个生动的室外咖啡厅。这里可以有一条人行道，也可以有一个拱廊，两边加上有趣的小护栏。有些空间参考人体尺寸，使人们很快融入到环境当中。有些空间则是非常宏伟的，让我们顿时感到渺小。它们的规模让人心生畏惧，并产生不快感。有些空间则是灰色区域，抛弃了所有特色或特性，这是对人类精神的轻视。

　　许多城市空间是单调乏味的，没有质感。它们传递的是一种被忽视的信息。它们讲述的是政府对群众的一种独裁主义态度。我想起了《自然建筑》中被称为"寻找市民"的一张图片。那是一张热电厂滚滚浓烟背后的曼哈顿东城的空间影像。

质量可衡量吗？

　　作为城市规划者，干扰我们的是正在生成的生活质量，以及我们能够使"质量"具体化的尺度。凯文·林奇（Kevin Lynch）教导我们，城市拥有不同方面或者元素，它们都可以用来提高城市空间的质量。他提到了地标、边界和行政区等等。林奇提

庄臣公司总部的大工作室，弗兰克·劳埃德·赖特设计。

出，优秀的城市架构并不是均质的；它是多变的，变化有序的。在《城市意象》（*The Image of the City*）中，他重点强调了边界和地标，城市空间的清晰度和意义感进一步加强。一个城市核心可以拥有自己的独特边界，可以拥有各自不同的入口，可以通过一个行人道和道路网支持人们的行动。小公园、花园和庭院都可以进一步突出这些体验。探索一个城市核心可以成为一个冒险旅行，挑战一个人的感官，要求人们更进一步，更加深入未知的领域和地区。展示这样一种情境正如使一部电影的摄影艺术概念化。我们是在设计体验。这里有城市元素、城市组成部分和城市关系，这也就生成了城市体系。重要的是，我们要识别出这些部分，并针对它们对我们的影响来分析它们，评估我们应该如何感受并如何思考它们的使用方式。

同时，这里也有被使用和误用的建筑价值系统（情境相关性、材料的诚实表达、人体尺寸、基于人体尺寸和成品尺寸之上的建筑模块、图形比例等）。在哀叹现有城市形态的庸俗时，所有这些都会涌上心头。与我所提及的关注点和价值观相比，这些形态更加关注的是"外观"、表面和包装。我们应该进入四维体验世界，而这种形态反而让我们退回到了图形的二维世界。

最重要的就是未经筹划的、偶然出现的和令人愉快的人类互动，这种互动在具有激发性的城市空间中会自然出现并得到充实：一次机缘巧遇；目光调情；男孩约会女孩；男孩约见男孩。优秀的城市架构会把公园和林荫大道留给所有人去感受，去享受。

影像如同解毒剂

美国成为了思想的焦点，因为在向新形态演变过程中，它的传统模式的词汇表非常狭窄。许多图书涉及的都是美国谷仓、高速路围板、购物中心、大量的大工业中心——所有这些都旨在证明这里确实有一个值得我们学习的美国城市传统。尽管这种研究成为了流行的美国博士论文题目，但它们在界定城市语言方面展示出了极差的艺术鉴别力。可以利用的资料库是非常有限的。这就引发了一个问题：向拉斯维加斯学习是可能的吗？打个比方，尽管乏味的美国给予了一个"清白的历史"，但现实却是一个千篇一律的背景，或者至多是由无限重复的迪士尼乐园形象组成的背景。新城市主义是长岛莱维敦的复制品。我们已经添加了人行道、维多利亚时代华而不实的装饰、吊檐，并且声称生成了一种令人不可思议的"优质城市主义"。事实上，莱维敦的千篇一律、繁琐和庸俗更具伤害性，因为它们已经变成了规范。迪士尼也知道同胞们的无聊，知道他们缺乏多样性。它提供了一个解毒剂，那就是在包装的环境下，每个种类都拥有特定的人为传统和幻想的地理背景，这些会被大力推销成为生活主题。这个问题存在于一种现实扭曲的状态中；一个具有影响力的社会开始从幻想和逃避中获得它的思想和情感刺激。在企业的努力下，真实开始远离我们，枯萎退化成一种新的虚拟现实。

我们可以回想一下，50年代早期的美国确实存在真实的地方，拥有其独特的风格、当地的服饰风俗、口音和饮食习惯。在佛罗里达，像Cross Creek这样的地方拥有独特的鳄鱼汤，基韦斯特（Key West）是海明威归隐写作的地方，新奥尔良拥有独特的音乐和风格，Cannery Row拥有独特的贫困文化，格林威治村拥有真正的思想家和画家。甚至福克纳的故乡牛津密西西比也转变成了一幅深南部的漫画，变成了其自身的程式化的超影像。所有拥有真实特性或独特特征的背景都被转变成了超现实背景，完全失去了真实感。这些＂人工＂包装随后会成为用于销售的产品。旅游业成了把它们推销给数以百万计消费者的工具。这些超现实背景为可口可乐标志、麦当劳的金色拱门和以挂帘为幕墙的建筑物的现实城市背景提供了一丝安慰。如果说宗教是19世纪民众的鸦片，那么沃特·迪斯尼和超现实就是今天人们的鸦片。

旅游业／城市主义

在这样一种混乱的环境中，人们对建筑谈论最多的似乎就是新艺术博物馆。最具价值的艺术存在于那些博物馆中。在美术馆中，我们可以看到某些新奇的东西，可能是一些高端的＂艺术投资品＂，也可能是一些工艺小摆设。旅行者成为了这些产品的消费者，对他们而言，这些地方就是他们旅行的终点。曾经有一段时间，人们没有任何计划进度表或者旅行目的地。他们属于探求者——冒险者。事实上，＂旅游业＂的整体概念出现于过去几十年的消费者社会。新旅游业的关键需求就是＂什么都不应该发生＂！这里不应该有任何出乎意料的、未经筹划的或偶然出现的事情。预先形成的和包装过的新旅游业允许人们去各种场所消费。旅行者会这样说——我们明年去西班牙吧。在去过西班牙之后，他们下一年又会去其他地方。这就是消费主义。旅行是经过设计的、包装过的和人为形成的，因此旅行者、探索者或者冒险者的基本特性也逐渐从这些旅行中衍生出来。所有风险、所有窘境和所有陌生人都被排除了。旅行者不需要利用独创性来解决问题、与人斡旋或者平易近人地去结交朋友。事实上，他们想消费别人，而不是与他们交流。除非他们偿付某些东西给＂本地人＂，要不然他们会感觉到不适。

旅游业已经变成了城市主义的相似物。多样化、丰富性和各种体验都不见了。没有计划，没有预料，简而言之，没有新奇。

价值体系

抛弃那个思维定势之后，我开始把重心放在了喜马拉雅山地区的工作上。当然，只言片语是解释不清楚的。我接下来会向你解释经幡到底是什么？从某种程度上来说，它是城市设计的一个类比物。

最简单地来说，经幡是还愿献礼的一种形式。一块长布条被缠在一根高高的柱子上。布的颜色象征着一种情绪。这种情绪可能暗示着一个事件，比如社区中某个人去世了、一间新房子诞生了、一个新季节开始了。它可能只是一种好兆头。如果你近看这块布，你会发现上面有手工涂画的或者木板印刷的符号，事实上它们是正是祷文。当这些旗子随风飘动时，人们相信，那些祷文也会随风飘向空中，然后在城市上空漂浮。

沿着 Wangchhu 的清澈小溪，走过廷布谷地，四面环绕着青翠的树木，使得深山显得更加幽深。当你在山峰上远眺时，你会发现在蓝天的映衬下，群山之间呈现出一种绵延不绝的趋势。如果你向更边缘望去，你会发现它正是由一排排的大经幡连在一起，高低起伏，形状各异，它们飘扬在城市上方，传播着它们的祷文。这种想象其实也是具有一定的隐含意义的。这代表着这个城市是由这种吉祥的经幡组成的守卫墙保护、丰富和强化的。

所有工艺品——传递的所有价值——都给整个气氛添上了一层光环。这种价值体系的心照不宣和光环的共享生成了一种欢乐的深层形式。这些工艺品是被用来生成价值的途径。这些价值是居民们互相分享的感受和感情——社区的本质。因此，"地点"也被置入了"共享价值"和"欢乐"的要素。

城市动词

正像凯文·林奇把行政区、边界、地标等定义为城市设计的名词，我会把上述讨论的价值称为"动词"。文学方面静态的、静止的"名词"需要利用动词让事物动起来，这些动词也开始让情感和感情动起来。

在这种背景下，装饰变得非常重要，因为不同的装饰品变成了各种无形属性的象征：像"Good Luck"。通过把装饰品应用到这些组件上，额外价值和重点也就出现了。这些不正是城市设计的形容词和副词吗？所有这些标志、象征和元素都变成了一种语言，向我们讲述了一种知识体系。"吉祥的"是不丹知识体系的重要元素，就像"理性的"是西方思想体系的重要元素一样。

城市一致性

纽约、笛卡尔坐标、X 轴和 Y 轴都是我们的思考工具。我们西方人是思维定势的精神动物；我们趋向于把一件事情与另一件事情进行比较，把 X 轴与 Y 轴进行比较。我们喜欢一个好胜过坏的世界，喜欢一个极面观的世界。在质疑是否存在上帝时，我们会感到非常舒服，但当某些事物出现多种表现或者一种观点出现许多方面时，我们就会感到不舒服。部分原因来自于我们笔录的传统。这就意味着，我们必须把事情写下来，然后它就会开始固定我们的思维方式。例如，这里有数以千计的印度上帝。用文字来记录数千个上帝是不太实际的——我们可以记录上帝，然后再额外加入几个圣徒。口述传统相比较而言更具扩展性、灵活性和想象性。波尼尼 (Pānini) 的《文法书》(Ashtādhyāyi) 大约包括了四千条关于语言的警句，这些警句都是在出现四百年之后才被记录下来的。很多年以前，它们都是通过师生之间的口口相传继承下来的。让我们想一下曼陀罗。它是宇宙的一个二维图，根据神话人物、地点及各种地点之间的关系来描述物质。最重要的是，每种重要的事物都是对其他事物的一种体现，并且拥有数以百计的形态，可能是形象化符号，也可能是堆积物。同时，这些并不仅仅是指事物的形态，也是对感情、情绪和观念的解释。

那时，"这种生活"的经历属于旅行者的冒险，而不属于观光客。任何事情都是不确定的，都是无法得到真理理解的；或者可以说，任何事情都存在许多不同面。在《小说的艺术》(The Art of the Novel) 中，米兰·昆德拉说到，统一性控制着西方思想。他探索了一种多样性文化的可能性。他对个人选择的消失、内在自由的丢失、独特性的缺失感到悲伤。我认为，我们必须巧妙处理城市规划和设计中的同一个问题。在另一篇文章《慢》(Slowness) 中，昆德拉把自己的苦恼发泄到以现代生活为特征的"超体验"上。每件事情都是瞬间出现的、转眼即逝的、全速变化的；一个图像快速覆盖另一个图像，就像是我们感觉乏味无聊时，一直转换频道或网站页面一样，已经全然忘记了点击按键的这个动作。对于现有生成的气氛，最令人烦恼的就是，这种气氛是笛卡尔思考方式的媒介，缺乏多样化、区别性和表现性，在最糟糕的情况下甚至可能变成基要主义。它是微妙的法西斯主义。无聊乏味是它最小的罪责；线性思维、偏狭和心理障碍都是它更深层次的疾病，这也是让人担心的原因。

城市空间精神

概念制造者就是媒体创造者，我们界定并设计控制基本感情的"精神"。据创造这个术语的葛瑞利·贝特森所说，"精神"是文化对于事件的一种表现形式。贝特森把它看成是根据典型元素区分不同文化的工具。他知道，人们感知事件和地点的方式正是他们的基本文化。

不同的空间会唤起不同的行为。在印度，来到印度庙宇的参观者会本能地脱下自己的鞋子，无论他们来自哪里。人们在走进清真寺时会顿时安静下来。这是因为不同的地点会释放出不同的信号，产生某种气氛，使人们采取特定的行为方式。是的，历史的脉络编织出了人们的日常行为。

设计方法：差异化网络

廷布规划的基本概念就是要创建一个网络或者运转系统，把行人与车辆分开，提高运转效率。我并不是要利用运转带来快乐，我的意思是说利用运转系统产生社会互动。这个概念并不仅仅是地理学上的概念。如果这里有存储空间，那么这个网络就是各种特定的空间模块的服务器，它们必须安装到这个服务器上，其中包括了房屋、商店、宗教的和机构的结构。我们起初决定把喜马拉雅的传统建筑组件作为一种乐高积木。服务空间或者建筑物可以被插入这个网络。我们把这个网络看成一个差异化网络。一条线变成了一条长长的通道，或者像谢德拉克·伍兹（Shadrach Woods）所说，变成一条主干。这条主干平行于河床，以至于在数十年后仍可以适应更新的多样化科技。干线的基础设施也会沿着狭长通道铺展开来。狭长通道会通过节点和枢纽进行分化。这些节点和枢纽是系统中的点，在现实中，它们则是公共交通车站、运具分配地点和行人管理区中心。

(2001 年 10 月奥地利格拉茨欧洲双年展演讲，发表于《建筑：人、时间与空间》)

信件 16

欧洲人与狗共寝的原因和其他建筑理论

Why Europeans Sleep with their Dogs and Other Architectural Theories

现代社会使年轻城市人具备了经济独立性；并给老年人带来了相关的健康和收入保障。职业女性、平等的机会和快速专业使得许多社会的传统家庭和年轻人的一部分人面对失业的威胁。粘结社会的胶水已经失去了粘性。也许一种更具粘性的胶水会取代它的位置？

　　建筑是这场变革的推动力，同时也是我们社会惊人转变的一种结果。建筑师快速接受了新的社会秩序，希望通过复制平庸陈腐的东西来表现出自己的创造力和与众不同。手机已经代替了邻里关系，因特网代替了街角绯闻。过多的媒体信息使得新闻变得无聊透顶，大张旗鼓的宣传只是为了吸引人们的眼球。设计行业同样也开始宣扬感觉主义和"壮观主义"，而不是宣扬优秀的城市形态和人类价值。当然，这种趋势只是出现于社会的某个部分，但是，大多数新的建筑风格已经远离了社区建设的初衷。此外，这种模式已经充斥于日常生活的各个方面。它是城市生态的现实，它是众人注目的中心，日益成长，并对人们造成了很大的影响。

　　城市形式以大量连锁店作为回应，逐渐取代了厨房。多元通讯、娱乐室、网吧、酒吧和迪斯科舞厅逐渐代替了起居室。美容院和温泉浴场逐渐代替了我们的浴室。实际上，传统房子中留下来的只有卧室了。每个建筑物都想延伸自己的城市空间；每个地块四面都有围墙，严加把守；体育健身俱乐部正在取代社区的休闲区域；建筑物正逐渐变得没有人情味，表面滑稽可笑。公路不断加宽，人行道和自行车道却不断缩窄，城市规模正不断从人类向机械转变。在新城市中，多就是多，大即是美。

我们的父辈收入居中，生活舒适简单，而我们相当于其四倍的工资，仍会感觉苦恼。我们在乎每一分钱，锱铢必较。居所不再是一个家，它只是一个"床垫"而已。不随便把自己的财富施舍给寄生虫、投机取巧的亲戚和食客，这是一个日常管理的问题。公认的房屋附属品就是手机和不知不觉中耗尽你每一分钱的信用卡。城市建筑风格和城市社会全都转变成了独立的人们的乏味棋盘，建筑表面都藏到了玻璃幕墙街区中，这里没有庭院，没有街道生活，除此之外，个人心理、人物角色和个性也同样发生了改变。人们不再相互喜欢，他们只爱自己。"群体"这个词语逐渐成为陈年往事。"邻居"是一个糟糕的词语。每个人都担心别人盯着自己的钱；而别人确实想要得到他们的钱！

风格、外墙、包装、引人注意的噱头、时尚和令人讨厌的自私行为都是新生活的部分，这是新经济、新社会和新城市主义的产物。乏味丑陋的建筑物是里面居民的真实写照。在逐渐出现的"自我"文化中，唯一真正的朋友就是一条忠实的宠物狗。

欧洲早于我们60年追求自我，它把"单身家庭"变成了一种人口状况。它是偏执的城市人的自我实现的预言，他们担心人类是掠夺者和乞讨者。同时，每个普通人都渴望拥有一个优秀的生活伴侣：面相良好、智力超凡、专业、高收入、非常活跃！在翻阅第三页时，他们会想："哇！太奇妙了！真是一流啊！太吸引眼球了！多么聪明啊！"普通人总是想找到一个吸引人眼球的人，而他们知道自己永远也遇不到这个人，即使遇到了，他们彼此之间也不会产生吸引力。然而，媒体和制造品味的人告诉他们决不能降低要求。因此，他们牵着自己的宠物狗穿梭于街道之间，四处寻找一种伴侣关系。

在单身家庭里，一个人的交谈内容比交谈对象更加重要。如果你的主题与观赏性无关，那么你的"受害者"就会假装忙碌，把电话挂断。家庭、亲密的朋友、甚至是爱人都是过时的话题。当那个人正在谈论你时，他会说你好或者坏，而不会彻夜进行着文明的对话。天气和政治话题不再是大家谈论的内容；哗众取宠成为吸引人的对话主题：帕丽斯·希尔顿、恐怖袭击、鸟巢或者乱七八糟的建筑物。建筑师总是习惯谈论社区，刺激人们与街坊之间的互动。现在，他们谈论的是以计算机绘图为导向的新视觉技巧。人们过去谈论各种观点，如今他们开始谈论别人、软件和物质。人们失去了安静的空间。即使是性爱都可以即时花钱买到或者在 35000 英尺的高空的飞机厕所里进行 32 秒的幽会，而不是与一位长期伴侣在家里享受时光。重新定义的人类被贴上了城市美型男的标签。然而，在一天结束的时候，单身家庭也需要陪伴，远离人群的打扰。他们仍然希望家里有一双温暖的臂膀，当他们回家时，有人在门口张开双臂欢迎他们。

根据最近关于现代社会中狗的普查数据，犬类数量正处于上升趋势。狗的增加也就预示着单身家庭的增加。在阿姆斯特丹，狗的数量与人的数量是相同的。对我们建筑师而言，我们不仅有责任创建城市，同时也要刺激性地分析新型社会结构、文化和人口状况，这是非常重要的。公众尖叫、质问、故作姿态、大吼大叫在某种程度上是与狗一起居住的自然表现。以欧洲为例，它的新建筑风格和它的爱情故事就与动物有关系。

现代建筑风格是塞尔特实践和记述的现代主义类型，它强调解决城市主义的难题和我们在"蜂巢"（我们所说的城市）中的人类处境。现代主义者应对的是城市主义、新材料的美感、没落风格和时尚的摒弃。作为现代建筑国际大会的领导，塞尔特结合了 Team 10 在建筑运动中的反抗思想，在哈佛大学建立了首个城市设计课程，这也就改变了设计师们在建筑形式和社区方面的思考方式。勒·柯布西耶同样也对过渡型社会中的人性问题表示关注，赖特支持技艺和与环境的融合。奥尔多·凡·艾克知道那个地方是中间人的领域，他几乎无中生有地创建了 860 个小游乐公园。所有这些人都憎恨这种没落。

当现在主义者在寻找人体尺寸、比例和社会现实时，理论家们也不断发生变化，他们提出新的观点和新的英雄。某种乱伦的爱情故事出现于设计师、杂志和建筑评论家中，完全不会衍生于一种思想平台。建筑中的后现代主义理论试图利用法国哲学和 60 年代晚期的文学评论。20 年代早期，"人文主义"前几十年艺术领域中变化不定的语义分析、结构主义和解构主义被法国理论家揭穿了，然后又以空虚精英的陈词滥调重新出现。哲学方面和文学方面的后现代主义事实上与建筑后现代主义丝毫扯不上关系。建筑中的后现代主义似乎是为给学术理论家、记者和设计师换一下口味而准备的新资本主义就业保障方案，而不是带来美好未来的指导性设计特许状。主要受益人是那些作家、出版社、杂志、媒体、少数以牺牲良好的社区建筑原则和实践为代价的故弄玄虚的建筑师。结构和材料的诚实表达被贴上了"过时"的标签。"社区"这个词语已经从人间蒸发了。

当建筑学的芝加哥学派突然遭遇了 1893 年芝加哥国际展览会的死亡时,现代建筑也就走进了 70 年代和 80 年代几个超大项目的"袭击"中,变得异常软弱,以至于要通过壮观的架构来吸引公众的想象力。吉迪翁把美国文化自卑感引用为 19 世纪初没落主义胜利的原因。他记录到,1983 年的展览会赞助商转向法国知识分子寻求建议,这些知识分子在芝加哥博览会上占据了主导地位,但事实上他们只是提供了非常薄弱的理论基础。建筑界 20 世纪末再次向法国看齐,进行知识推理。一种自卑感再次驱动着夸夸其谈的自我宣传癖和自我陶醉的孤立主义。先锋派的恐怖统治侵入了半睡半醒的心灵。害怕出错、害怕出丑的这种恐惧感让我们自身变得愚蠢。我们敢于直言面对的生物也只有狗了。在极权政体中,人们会紧盯着别人的错误,并利用"政治正确"的思维作为威胁,事实上,只有宠物才是人类最忠实的朋友。苏联人对人性的弱点如此清楚,当他们在 1968 年入侵布拉格时,他们的首次国家恐怖主义行动就是大屠杀:在占领布拉格的第一个星期内,就对全城的狗进行大屠杀。

因缺少价值使命的支持,建筑物驱使着我们对知识背景提出质疑,那是一个抽象的分析背景,而不是一个令人满意的、真实的背景。被销售的是一种理论,而不是来自社会背景的设计。有些建筑理论必须接受考验,以证明其存在的合理性。成

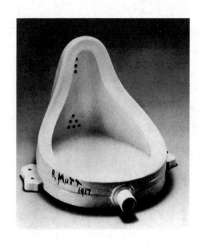

杜尚设计的小便器

盖里的鱼形设计

功在于引发质疑："所有这些出现的原因是什么？"然而，在我们的后现代主义时期，媒体、美术家和评论家随时随地都拿"建筑"说事，此时，上述问题并不是一个合理的问题。后现代主义者喜欢我们问与建筑纪念碑相关的辩护想法的问题。这些建筑物并不具有他们所假定的诗意或美感，你必须思前想后，可能要读过米歇尔·福柯和雅克·德里达的著作之后才能找到那么一点感觉。像杜尚（Duchamp）著名的小便器或者盖里（Gehry）的鱼形设计，这些非常聪明的结构都在考验着我们的耐力和智力技能。像克里斯托夫·巴特勒所想的那样，"提出疑问"或者"使观察者产生负罪感或受到干扰"似乎是宏伟建筑中的一个常见元素。这里存在着一种新的马克思主义色彩，从人际关系到建筑物，再到政治建设和挑战，它无处不在。另一方面，这些噱头是用来消费的，而不是用来使用的。一个消防站可能被转变成一个从游客那里汲取收入的利润中心"博物馆"。一个超过预算五倍的项目可以合情合理地出现，这些资金都是第一年在游客的入门费中获取的。沃尔玛商业模式已经成为艺术的辩护理由。重商主义企图要证明宏伟建筑和丑陋建筑存在的合理性。

在这个网络信息新世界里，事实和数据是商业力量操作绘图的"疑犯"，而不是知识的进步。用弗雷德里克·詹姆逊的话来说，被大量建筑物所占据的环境似乎

Nemo 博物馆

是突变成了一种后现代主义超空间，它超越了人类本身安置自身的能力，也超越了人类在制图世界中寻找自身位置的能力，这种困扰使得我们进退两难，这就像是我们的大脑无法绘制伟大的跨国的和去中心化的交流网络一样，而在这个网络中，我们发现自己只是个体主题罢了。

但是，我们却喜欢谈论壮观的东西和新型的东西；我们记录风格、流行和各种瞬息万变的事情。可爱和聪明的设计凌驾于背景、社区和材料真实性之上。受害者是那些居住在繁复的盒子里的人们，他们被告知，宏伟的雕刻是对他们的补偿。他们被告知，优秀的建筑风格是一种建设特技，而事实上，它只是以一种模糊的艺术概念为名义，加进了一点法国哲学的"佐料"而已。

建筑评论家似乎忍受了他们自己对"现代主义"的宣传，开始相信"现代建筑"就是关于"规则"、伟人、雕刻建筑物和图像的一切。事实上，它恰好与其相反。我们所处的后现代时期事实上是一种人为的前现代主义形态，它是被早期现代主义者所诟骂的。这与 19 世纪初期抹杀芝加哥学派的没落主义是相同的，为"壮观"的伪装者再次打开了一扇门。

最近几十年的城市转变只是冰冷的表面；非人性化的目标；雄伟的建筑；特技和宏伟的结构及材料。像时尚高跟鞋一样，随着古根海姆博物馆、瓦伦西亚艺术科学城、中国的 CCTV 大楼、维特拉消防站和阿姆斯特丹 Nemo 博物馆的模仿品的出现，我们的城市正不断变得一片狼藉。这些都是为了视觉消费而抛向公众的废弃物。博物馆已经变成公众们的麻醉剂。当购物商场关门、灯光熄灭、活力消失时，城市景观也就枯萎了。

像壮观的建筑物只是孤单地树立在自己的小城市街区一样，城市居民也都回到自己的小盒子似的房子里，给自己的猫和狗喂罐头，然后跟它们偎在一起睡觉。这似乎是我们梦想的生活。

(2008 年 11 月在印度之家为 CCBA 全体成员所作的演讲)

美丽的丝绒盒

The Beautiful Velvet Box

在 2009 年 11 月巴塞罗那的世界建筑节上，我感到非常好笑。我认识到，建筑正从一个功能、结构体系、服务和公共事业、相关空间和内外视觉连接相融合的复杂且具创造性的进程向一个贴花游戏转变，在这个游戏中，人们把装饰品和装饰物剪贴到乏味的盒子的四边。

正如 20 世纪初法国美术学院向商业巨头提供精神炮弹一样，大量编辑和学者占据了加泰罗尼亚海滨会议大厅（也是一个丑陋的盒子）。陪审员很少会诉诸于笔端，更不用说看着地球按照他们绘制的秩序发展。与之前相比，现在的 "盒子" 更加无味，更加世俗，它们只是为了换取陪审团成员的掌声，使得那些只会剪贴的 "骗子" 精神兴奋，毫无深奥之意。建筑是装饰品，或者像主讲人法斯德·莫萨维（Farshid Moussavi）强调的那样，装饰物是功能性材料，并富有表现力地向我们讲述了 "装饰品的功能"。

同样，退化也抹杀了 1983 年芝加哥世界展览会的早期现代运动，使路易斯·沙利文和 H.H. 理查森之类的人物黯然失色，我们回到了一个由商业主义、贪婪所驱使的世界，在这里，建筑堕落成了装饰品的商业图像艺术。是的，深受喜爱的呆板受到了惊人的特技的强烈烘托。一种特技就是最高，一种特技是最昂贵，另一种特技仅仅是愚蠢。因为在大多数情况下，数以千万计美元的成本都通过愚弄那些观光客而回收了回来，因此这些特技在评论家眼中也就具备了合理性。在巴塞罗那，我理解了半个多世纪前吉迪翁了解的几件事情，如今它们仍然依赖着空虚无知的统治秩序。我了解到，没落主义就是敌人，建筑塔利班组织隐藏在伦敦和纽约的编辑办公桌和学术办公室里。我的生活事实上也被冠以了"前巴塞罗那"和"后巴塞罗那"的称号。

在我远足去品尝西班牙小吃和美味的红酒前，我以为覆层就是某种粘贴到建筑表面上以满足某些功能或美感需求的成品。我现在所知道的后巴塞罗那就是"覆层就是建筑"。在那个天鹅绒似的盒子背后发生的事情超越了整体建筑的范围，沦落到了那些永远不能满足建筑师需求的结构和服务设计师领域。

建筑师的角色逐渐局限于建筑物外观的设计。如果你做更多的事情，那你就是在侮辱艺术！这次审美变革是由几种重新定义建筑意义的转化因素引发的。

内部功能不为人知的冰冷外壳，或者甚至在设计阶段，它们就以特定的功能替代了建筑物。

空调的使用使得建筑物的门窗毫无布局可言，室内密不透气。

人工照明被认为好于日光，每天在里面连续工作 24 个小时的人都没有了时间观念。

许多新建筑类型使得建筑物内外之间失去了关联。客户想以后再装饰空白墙。这些新建筑类型可能是购物中心、影院、商业园、博物馆、展览厅或者图书馆。

设计行业逐渐变得越来越雾化。之前建筑师创造的是"整体设计"，而如今这种趋势正把设计解体成一系列的碎片：结构设计、景观设计、消防、供水系统、灌溉、排水管理、信息技术和交流、内部设计、照明设计、声响、音频设计、制图设计、品牌体验设计等等。

最后，客户不再想让公众看到他们的建筑物。他们把其视觉部分看成是一个品牌化机会。建筑物已变成了广告板。

建筑师能做的只有创建盒子，装饰"皮肤"。他们要做的就是要创造最美丽的天鹅绒盒子。此时，装饰品开始发挥功能了，除此之外，别无其他。

如今，整个游戏都存在于盒子外观的巧妙之处了：它在里面隐藏了 LED 灯光吗？

美丽的盒子替代了有意义的空间和位置。

它来自多层镜面的反射吗？这里有以不同方式刻蚀的玻璃吗？这里有背后镶嵌不同颜色的图画、晚上在灯光下不断闪烁的 jaali 吗？最重要的是，设计师在盒子皮肤和相关装饰对背景文化的反映方面和对时代的形象反映方面拥有一套独特的"理论"吗？

冒险投资者和由此取得的发展都会让事情更"中性化"和"单调化"，使得许多潜在出租者和购买者使用模块化家具来装饰内部空间，把建筑物表面用于"品牌体验"。

越来越明显的是，建筑师的唯一作用就是创造那些能够达到最大 FSI（FSI 是指建筑物总面积与用地面积的容积比率）和最大销售面积的立体盒子。

高度连贯的和确定的空间、结构和高度经常被认为是危险或者糟糕的投资，因为它们限制了购买者、使用者、租赁者或者承租者的类型和数量；或者甚至降低出租的空间。从现代意义上讲，建筑就是糟糕的商业。它不仅限制了投机买卖，同时内外空间之间运用了"有图案的玻璃"，就使得建筑物表面的广告作用有所降低。

即使新的环境研究也让设计师在设计建筑物外观时要考虑到建筑物的绝缘、反射质量和辐射系数。对许多建筑师而言，这些新的规定事实上是一种解放。他们不再因为建筑物内外的关系而感到烦恼。在创建了最具利润化的盒子之后，他们只需要装饰建筑物表面即可。

伴随着这种趋势出现的是新表面技术的出现。我们如今可以利用不锈钢夹子在墙面上贴上薄的石片。我们也可以利用铝片和其他薄片来提供各种不同的光洁表面。

因此，需求和机遇之间是存在一定联系的。当市场需要空白墙时，市场就会供应过多的覆层选择来装饰空白墙。建筑师逐渐变成室外设计师，而室内设计师则承担着更加复杂的任务：创造意境，创造气氛，融合不同的照明、空调和设施。

这会成为一个新的挑战。作为建筑师，我们必须反对失败主义和这种立体盒子。

回顾往事，我感觉世界建筑节更大程度上是对诗歌、对艺术、对意义和对建筑本身的一种纪念性的告别。

(2010 年 6 月发表在 *Buildotech* 杂志上的文章)

信件 18

勒·柯布西耶：现代项目与挑战

Le Corbusier: The Modern Project and the Challenge

 在这里，我的主题包括了两个世纪的科技、艺术、经济和社会历史。我提及的是以勒·柯布西耶为象征和代表的现代。科技、城市化、社会和美学之间的关联是复杂和冗长的，但是我们的关注周期是短暂的。也许这就是勒·柯布西耶和他的同辈们超越我们的地方。他们能够把这些因素、趋势和由此衍生出来的人工制品压缩到一页纸上。我在这里讨论的目的就是要回到那页纸上，重新捡起勒·柯布西耶离去的旅程。

要做到这一点，我必须对 19 世纪和 20 世纪的经济和科技发展进行假想，以在 CIAM 正式形成的一个运动为终点，在这次运动中，勒·柯布西耶充当着非常重要的角色。

这次运动还包括了许多其他成员，其中包括汉德瑞克·伯拉吉、瓦尔特·格罗皮乌斯、何赛·路易斯·塞尔特、密斯·凡·德·罗和马塞尔·布鲁尔等等。弗兰克·劳埃德·赖特、巴克明斯特·富勒、皮埃尔·鲁基·奈尔维和其他许多人都是这场运动中的成员，虽然他们并不是正式成员。在印度，巴克里斯纳·多西、阿奇亚特·科维德、查尔斯·柯里亚和昌迪加尔的专门小组在初期也支持了这个运动。

这个运动甚至可以回溯到 1894 年，当时，奥托·瓦格纳接管了维也纳建筑学院，并发表了《现代建筑》的文章，他宣称："我们的艺术创造的起点来自于现代生活。"

他影响了一个时代的现代主义者，其中包括彼得·贝伦斯、阿道夫·路斯和何塞·奥尔布里希。勒·柯布西耶、马塞尔·布鲁尔和许多其他人正是在贝伦斯的工作室里发现了他们在新美学中的精神支柱。

如今，驱动现代建筑运动的潜在力量比之前更加强劲，然而我们似乎已经迷失了我们的方向，走向了一种倡导没落和壮观、喜爱纯粹的娱乐公园特技的建筑。勒·柯布西耶在我们心中是一个创造纪念性雕刻品的人，而不是一个促使设计和科技走向快速城市化世界的人。这是因为我们自身的忽视所造成的，同时也是因为对外国事物和奇异事物的迷恋所造成的，这使我们逃离了我们的专业使命。

我想让大家明白这一点，那就是勒·柯布西耶不是一个"独立的"艺术人物。他是一场重大社会运动的一部分，这场运动包括了许多革命者和机构。所有这些人都拥有一个共同的目标，那就是利用科技的力量为大众的共同利益做贡献，这些人逐渐远离他们的农村环境，被迫走进了新的城市环境中，而那里并不能满足他们的基本需求。一个世纪前欧洲和美国发生的事情如今在新兴经济体中也出现了。

位于德国柏林的勒·柯布西耶大楼

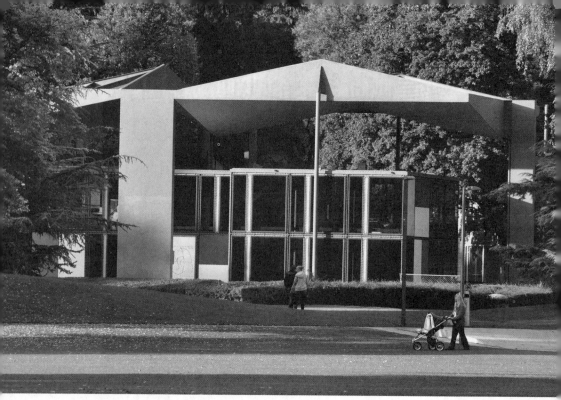

勒·柯布西耶中心

这次人类危机激励狄更斯以19世纪伦敦工人阶级为题材写了一本小说，当时的情况就如同今天亚洲大众所面临的情况。这种形势激发卡尔·马克思围绕着生产方式对社会结构进行了思想。所有人都知道，新型人类和新社会肯定会出现。勒·柯布西耶通过功能性和效率性工艺品，以一种新文化的方式使其具体化了。

也许首个关注点就是德国的联盟运动。这次运动意识到，设计师的角色就是获取那些只属于富人的昂贵产品，并以低成本对其进行批量化生产，把它们带给穷人。早期的现代主义者，像魏玛艺术学院的创始人亨利·凡·德·费尔德说到："通过合理的逻辑构造创造的完全有用的物体才能抓住美的本质。"

因此，把机械看成艺术的敌人的人（像约翰·罗斯金和查尔斯·雷尼·麦金托什）和把机械看成拥有巨大潜力的朋友的人之间存在着分歧。新一代人认为机械会为人类带来巨大的机遇。

事实上，当魏玛艺术学院的学生产品通过商业网点进行出售时，实践工作室、设计和消费者之间也就由此产生了联系。格罗皮乌斯1919年接管了魏玛艺术学院，不久又在那里创建了包豪斯建筑学派。在他的领导下，工业、艺术、建筑、设计和城镇规划之间的联姻出现了。

因此，现代建筑运动产生于科技和现代生产的巨变并推动着快速城市化，促使许多人走向了无法提供文明生活和文化的无规划的城市形态。

早期现代主义者对城市概念的关注可以在托尼·加尼尔（Tony Garnier）在1901年为西岱岛实业家所作画像（发布于1917年至1918年）中、在安东尼奥·圣伊利亚的 La Citta Nuova 的乌托邦式设计（1912年至1914年）中、在维克特·布尔乔亚的 La Cite Moderne 的花园设计（1922年至1925年）中得以体现，几乎在同一时间勒·柯布西耶给出了对巴黎 Le Plan Voisin 的印象。

现代主义者发现，解决方案存在于科技本身，而不在于昔日时光的多愁善感的反映。他们知道，假装模仿希腊神殿或者罗马神坛的设计都是谎言。他们把这些谎言称为"没落主义"。

勒·柯布西耶的"房屋是居住的机器"的说法明确表达了这种新的理解，并可能会被快速应用到城市中去。他认为，艺术、建筑和城市规划之间存在一种完整的融合。他看到了人们对新美学、新建筑方式和新城市主义假想的需求。作为一个团队，这些现代主义者从很大程度上设想到，变革不能是局部性的，也不能是逐步性的。它必须是彻底的，从某种意义上来说，是具有革命性的。这种愿景就是要创造一种新的文化，在这种新的文化背景中，一种连根拔起的人性化在完全新型的背景下，以完全新颖的解决方案、工具和环境应对着原始的需求。这场运动把"设计"看成为是重大的干涉，而不是结果。他们被驱使设计一种能够应对新行为现象的新文化。他们为此承担起使命，进行了一系列的新设计介入。

同时，现代主义者意识到，"机械的艺术"和买得起的艺术必须是极简抽象派艺术，并且通过逻辑设计进行合理化生产。正如上述所说的那样，这种领悟蕴含着人们对新美学的追求，像凡·德·罗这样的建筑师都宣称"少即是多"。数十年之前的1896年，另一种新美学通过宣称"形态追随功能"的路易斯·沙利文的声音在美国出现了。钢和玻璃结构、水平线、装饰品的适当应用建立了现代建筑的"芝加哥学派"。沙利文的学生弗兰克·劳埃德·赖特把沙利文的标语当成了自己的座右铭。赖特1910年作品的出版使贝尔拉格备感鼓舞，并在1912年指引年轻的勒·柯布西耶研究赖特的著作。

因此，现代建筑运动聚集了大量志趣相投的革命者，他们了解自己的历史，站在历史的光明处。他们看到了光明，并且抓住了时机。

然而，我们无视历史，受到虚假时尚的蒙蔽。这就是我们如今来到昌迪加尔的原因。

我来到这里是为了让你们年轻建筑师抓住现代主义的火焰，向前进军。

我来到这里是为了让你们这些真诚的建筑教师在建筑教学中向学生们灌输建筑历史、社会变革知识和美学的含义。

我号召你们所有人停止没落主义的愚蠢行为；停止以设计的名义犯错误，回归到合理的逻辑设计进程。

我们面对着巨大的挑战，那就是一个城市化社会正在我们面前快速成长，而我们却视而不见。我希望在此次重大变化中我们能看到两个事实：

首先，现代主义或者勒·柯布西耶支持的现代建筑从根本上关注了人道主义价值观，使农业社会适应城市环境；现代建筑从根本上缓解了人类在不具备教育、娱乐、卫生和健康设施的情况下所承受的痛苦。它通过一种新文化专注于新人类的创造。现代建筑同时也支持了适用技术和一种新美学。这就是我们所看到的，但这并不是刺激我们的东西。刺激我们的是一个议程、一套价值观和一次运动。刺激我们的是创建一种新型工业化社会的目的。

第二，我想说，勒·柯布西耶是建筑运动的一部分，这场运动见证了消除大批量生产和城市化不幸的潜力，并见证了把它们转化为创造美好生活的工具的潜力。他意识到，新文化和新文明的出现必须围绕着一种新科技、新美学和新的社会现实。

工业可以以手工制品的百分之一的成本大批量生产日常必需品，也因此能够给更多的人带来更好的生活——这个观点点燃了魏玛艺术学院、联盟运动、包豪斯建筑学派、新艺术运动、现代建筑研究会、国际现代建筑协会、Metabolist group 和 Team 10。它塑造了查尔斯·伊姆斯的思想，在艾哈迈达巴德为印度国家设计学院创造了基础。

同时，"设计是一个合理的进程"这个观点吸引了现代主义者的目光。他们看到了问题的陈述、绩效标准的陈述、草图选项的创造和评估、通过图画做出合理的设计决策、把模拟塑造成一个正确进程之间的联系。之后 Team 10、哈佛大学设计研究生院和 Metabolist group 的现代主义者提出，要提升对情境的理解，要更加专注于建筑物和艺术品的使用者。

勒·柯布西耶留给我们的遗产就是他在写作、绘画、家具设计、建筑物设计和城市规划中的英勇成就。他的礼物就是他那令人感动的联系、调整和组织大型群体的方式。他的目的就是要寻找能够生成新型人类的新文化。

勒·柯布西耶既不是建筑师，也不是画家，当然也不是城市规划者。他在这些学科中都没有接受过任何正统的培训。他是一个现代人，他看到了设计一种新文化和新社会的需求。设计是他的工具和他的变革媒介。他比其他人更大声地否决了没落主义。他利用客观现实代替了浪漫主义。他比其他人更清楚地看到了怀旧和浪漫美学的危险性。没落设计就是受到愚蠢的自我服务思想的驱使而寻找新社会的薄冰。对勒·柯布西耶而言，没落艺术和建筑就像一个癌变的社会。我希望你们这些年轻建筑师能够捡起他扔给你们的铁手套。拒绝没落主义，拒绝愚蠢的图标型设计，仔细思考，做事符合逻辑。建立一种设计进程，然后遵循它。

我们必须勉强自己离开勒·柯布西耶那独一无二的形象。这个伟人的理论让我们的注意力从他的真实价值偏离到了一个虚假的行为榜样上。它使年轻建筑师产生错觉，认为声名远扬就是建筑师的目标所在。

希望声名远扬的渴望引诱着建筑师欺骗和照抄由西方妄自尊大者创造的丑陋特技。由建设者和开发商驱使的商业建筑已经替代了人们对城市解决方案和相关城市美学创造的追求。这种趋势使得我们后退到了 1893 年的芝加哥国际博览会时期，在当时，它以芝加哥建筑学派的名义把美国现代建筑运动扼杀在了萌芽状态。从这次灾难性的打击中复苏过来花费了 30 年的重建时间，一股新的欧洲领导力量再次前行。

在新千年的第二个十年里，我们发现自己又遇到了 1893 年的难题。"做与众不同的事情，做不同寻常的事情，做惊人的事情"已经取代了我们对适用美学、适用科技和新社会梦想的追求。这是我们这个时代的悲剧，也是我们这个专业的悲剧。

朗香教堂

房子是居住的机器。

勒·柯布西耶成为了他那个年代英雄主义人物的缩影。他向我们展示了勇气和胆量。他巧妙地利用了广告的力量推进了现代化进程，而非利用他自己的形象。

我们必须要把勒·柯布西耶看成是一个简单的人，他只是一场运动的一部分，而这场运动涉及到了许许多多忠诚的工人。我们必须把我们自己看成是他的伙伴。我们必须参与这场运动；回归到根本。我们已经遗弃了他的使命、他的价值观和工作。让我们重新踏上他所走过的旅程吧。我号召你们这些印度年轻建筑师们迈好自己的第一步，重新燃起现代建筑运动的火焰。树立目标，知道工作的意义所在。踏上真正的勒·柯布西耶的脚印吧。

(2009 年 10 月 10 日昌迪加尔 CCA 勒·柯布西耶纪念演讲；2010 年 12 月发表于

Architecutre+Design)

寻找城市

In Search of the City

信件 19

智能城市主义的原则

The Principles of Intelligent Urbanism

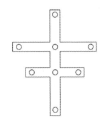

智能城市主义的原则（PIU）就是一系列公理，展开了一个以价值为基础的架构，而这个架构运用的则是参与式规划。在接受股东们的审查和修改之后，以那些受到建设性讨论、评估和确认的实际规划决策为基础，PIU充当着一个协议特许的作用。我在印度次大陆和东南亚进行过城市规划实践，就在那几十年里，PIU出现了。它们形成了不丹新首都规划的依据和基础。智能城市主义的十条原则就是：

原则一：与大自然保持平衡

这条原则重点强调了资源利用和资源开发之间的区别。它强调了一个极限，如果超过这个极限，就可能导致森林砍伐、水土流失、含水层恶化、淤积和洪水。在整个城市系统中，这些都会破坏生命保障系统。这个原则提倡利用生态系统的环境评测来鉴定脆弱带、受到威胁的自然系统和栖息地，以此通过保护、密度、土地使用和开放空间规划等方法对这些地区进行改善。这个原则提倡在城市创建中应用"绿色实践"。

原则二：与传统达到平衡

这个原则把规划介入与现有的文化遗产进行了结合，尊重传统方式和风格先例。

它尊重那些把城市的过去和将来建成一套有价值的遗迹区和历史遗产。

原则三：适用科技

适用科技提倡的是使用那些与人们的生产量、地理气候状况、当地资源和适当的资本投资相一致的材料、建筑技术、基础设施系统和建筑工程管理。PIU 提出的是融合城市设施与服务所涉及的区域、流域、城市行政保卫区和选举边界之间的界限。

原则四：宴会交际

这个原则鼓励人们在公共领域进行社会互动，有些地方可以用来进行自我反思，有些地方可以促成友情、制造浪漫，有些地方则是为家庭、邻居、社区和公民生活所设计的。它提倡〝开放公共空间〞的保护、改善和创造。

原则五：效能

这个原则提倡的是能源、时间与财政这样的城市资源与舒适、安全、保证、通

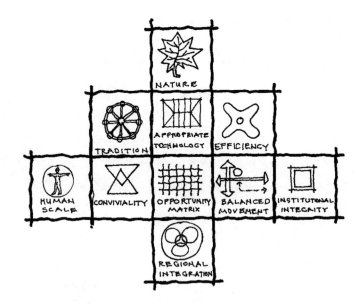

作者 PIU 图形手稿

路、任期和卫生水平方面的计划成果之间的平衡。它鼓励把土地、道路、设施和基础设施网络进行最佳化共享，以降低家庭成本，提高负担能力和公民生存能力。这个原则体现了获取基础设施服务与这些服务的人均寿命周期成本之间的联系。

原则六：人体尺寸

这个原则鼓励以人体测量的尺寸为基础的、以行人为导向的城市布局，反对由机械决定的尺度。它提倡混合用途的城市村庄，大多数日常需求步行就可以解决，反对由高速公路连接和由停车场环绕的单一功能区域。这个原则使公众优先于机械，行人优先于汽车。

原则七：机会矩阵

这个原则把城市提升为了个人、社会和经济发展的工具，通过一系列的机构、服务和设施，为教育、娱乐、就业、商业、机动性、住所、健康、安全和其他基本需求提供了各种机会。这个原则把人居环境看成是学习经验的生成器，强化知识、技能和敏感性。

原则八：地域融合

这个原则把城市设想成了一个更大的环境、经济、社会和文化地理体系的一个有机组成部分，这对于未来的持续性是非常重要的。这个原则在聚集活动、服务和设施中看到了规模经济，基本服务受到了更多专业化中心的支持，这些中心也会受到更加专注的服务和设施的支持。

原则九：平衡运动

这个原则提倡由人行道、自行车道、快速公交车道、轻轨和其他工具通道组成的融合性交通系统。这些系统之间的模块分割交叉点成为了公共领域，周边高密度聚集着专用的城市中心和行人区域。

原则十：机构整合性

这个原则意识到了完善的原理所固有的良好实践只有通过负有责任的、透明的、有能力的和参与性的当地管理定位才能被意识到。管理是以适当的数据库、适当的权利、公民责任和义务为基础的。这个原则进一步加大了便利性的和促进性的城市发展管理实践和工具的范围，以此来获得智能化城市实践、系统和形态。

(2001 年 10 月在柏林城市与区域计划学研究会世界学会上的演讲)

信件 20

挑战与回应

The Challenge and the Response

艾哈迈达巴德建筑学院前几批的学生会回想起这所学院于 1962 年创建时的教育引导力量。后来，建筑学院转变成了环境规划和技术中心（CEPT），1971 年规划学院成立——我在这整个过程中充当了关键性角色。在 1998 年发表规划学院二十五周年纪念讲座时，我重新回顾了那些激情燃烧的岁月和那些带给我们力量的价值观。从很大程度上来说，规划学院呼应了 60 年代的精神。为回应 21 世纪关于规划教育的一个问题，我建议我们要"回顾过去，寻找未来"，1972 年的教育情境仍然适用。我重复一下，这里的演讲意在让我们回想起我们的教育目标和专业挑战的情境。

1971 年，当多西劝我放弃哈佛的教学工作、到印度开办规划学院时，我就瞬间做出了决定。那是在 70 年代初，我们（巴克里斯纳·多西、尤根达·阿拉奇和我）都是受到一种愿景的驱使。我们以不同的方式看到了一个新印度的出现，不光是印度，全人类都面临着巨大的可能性。我们不孤独，印度只是主要实验室的其中一个罢了。

新模式

我们不仅要处理贫穷、不平等和自然灾害所带来的压力，我们还要寻找一个不同于中国的模式，不同于前苏联的模式。它们的许多方面都是我所喜欢的，但是我

四　寻找城市 In Search of the City　　141

们没有人能够购买整个系统。我们看到了这样一个模式：

> 低能源；
>
> 以社区为基础；
>
> 建立在民主微观制度上；
>
> 当地资源与支持城乡连续统一体的产业相结合，以当地居民的完全经济接触为基础；
>
> 公共部门行为和私人机构活动相混合，公共部门提供社会和经济基础设施（尤其是网络）和基础服务，而私人机构则调动生产。

我们想要避免一个建立在信用和金融投资之上而反对自给自足的持续性成长模式的、以消费者为基础的经济体。我们提防在 1969 年艾哈迈达巴德暴乱中出现的社群主义，它告诉政治家们一个道理，恐惧会淹没一切思想。我们大多数人想要避免西方和中国正在不断走向的"制度化"统一。我们看到了印度以多数生活方式、文化和价值观为基础的模式，所有这些都是出现于民主社会的等级制度下。我们希望印度能够避免成为一个军事工业复合体，只拥有一种意识形态，人们被推向了孤立、机械化的生活，依赖于高收入和巨额的紧急支出。

与 40 年前相比，这些议题如今似乎更加具有相关性。

情 境

开办一所新的研究所意味着要在潮流的转变中承担重要的角色。它意味着在面临失败或成功时要奉献很多。更加重要的是，我们所有人都充满希望。我们确信，只要拥有指导性智慧和领导力，一系列积极性就会被调动起来，这也就会改变印度。

接下来我简洁地向你们陈述一下我们想象中的情境。首先，危机是：

1. 大半个国家处于赤贫的压力之下。生存成为了重要议题。基本的最低需求并没有得到满足。一个弱势群体从贫困人群中出现，令人担心的是，贫困阶级本身占总人口的比例不断增加。现有的日常服务和设施面对着更大的压力，因为越来越多的人对它们产生了依赖。

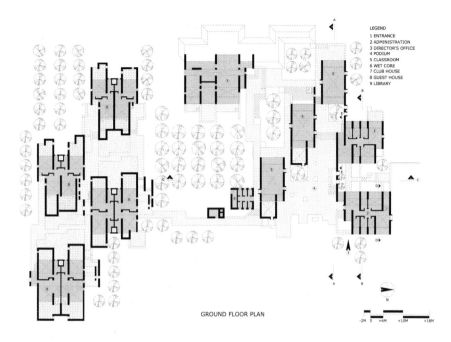

LEGEND
1 ENTRANCE
2 ADMINISTRATION
3 DIRECTOR'S OFFICE
4 PODIUM
5 CLASSROOM
6 WET CORE
7 CLUB HOUSE
8 GUEST HOUSE
9 LIBRARY

GROUND FLOOR PLAN

展现理性主义的位于普纳的 CDSA 研究所平面图

2．大约 85% 的人生活在农村地区，依靠着种植来获取食物和其他可变现的剩余。需要扩大和加强生产的经济基础设施受限，对人地比率产生了压力。人口不断增加。每天每公顷土地必须为更多的人生产更多的食物。

3．这些人的环境资源基础正受到严重的破坏，甚至威胁到了现有的有限的支持系统。水、生物数量、动物生命、土壤和人类资源都处于压力之下。所有这些都受到了无效率管理。

4．所有这些压力都是由压力的子集合组成的：高婴儿死亡率；低识字率、不健康、不断下滑的功能性教育水平；不断受到破坏的居住条件；增加的债务；不充足的运输、饮用水的短缺等等。

5．作为生产中心，城市都处于压力之下。具备公用设施的土地、公路、饮用水、排水设备、电源、通讯系统和其他重要的经济基础设施都不充足且处于过度紧张状态。过于拥挤的、不卫生的贫民窟不断增加，正逐渐成为城市生活的主要模式。如果城市变成成长的动力，那么它们也必须接受基础设施的投资比例份额。

6. 被要求去评定、规划和管理这些危机解决方案的专业人员是不存在的。

7. 必要的财政机构、便利机构、授权机构和规划机构是不存在的。

陈述问题

即使我们规划学院的核心小组受到了这些巨大压力的打击，我们仍然感到自信，我们可以陈述一系列充分限定的难题。难题会被我们看成是 "待于解答的问题"。例如，我们会把上述的压力转化成为问题陈述：

如何在 5 年内把 16% 的婴儿死亡率降低到 10%？

如何在 5 年内把每公顷的稻米生产产量从 10 公担增加到 15 公担？

如何在 5 年内使得耕种用地的灌溉率从 11% 增加到 15%？ 等等。

我发现重要的是要辨别"压力"与"难题"之间的区别。人们总是在说："健康是一个难题。"让我说的话，应该是："健康是好的；问题就是要如何减少疟疾。"

整合链条

我们是现代时代的年轻人。我们确信，如果我们可以清晰地陈述一个难题，我们就可以利用适当的技术来寻找解决方案，设定目标。我们的后口袋里还装有整合链。它们就像是：

	难题		目标
A—1	如何增加每公顷的稻米产量？	A—a	灌溉 1000 公顷
A—2	如何增加每公顷的小麦产量？	A—b	供应 X 吨肥料
A—3	如何增加每公顷的食用油产量？	A—c	供应 X 包杂交种子
A—4	如何增加食用绿色蔬菜？	A—d	提供 E 杀虫剂
A—5	如何在收获之前对种子和肥料进行投资？	A—e	提供 Y 卢比信用
A—6	如何提升生产更多食物的功能性能力？	A—f	以 250 小时的课程教授方法

每个目标都与一套期望输出和必要输入相匹配。在仔细列出这些整合链之后，我们会发现各种压力、难题和解决方案之间的交集。我们会发现，相同的投入和产出通常会被用来回答三个、七个或者十个问题。我们也注意到，有些结果对许多投入的前提条件，那些结果再加上最具依赖性的投入就是最值得优先考虑的事情。因此，整合性规划也就增加了。有些关键行为会立即解决或引发两种或三种压力。一种功能性连接矩阵出现了，在这个矩阵里，关键目标就得非常清楚。例如，一条公路可以连接许多市场（通过盈余销售增加资本积累）；可以连接一个卫生保健转介系统；可以为人们提供接触教育设施的机会；可以把牛奶生产和牛奶贮存、加工与市场连接起来；可以为人们提供一系列接触经济服务的机会等等。

　　我们正利用着来自地理学的中心地理论；来自经济学的投入－产出概念；来自社会工作的社区发展方法；来自建筑的村庄规划和低价住房；来自农业生产概念；来自法律的法令改革和来自各种学科的其他类似观点。

　　这些行动总是会与地域空间联系起来。第一个整合地域规划成形了（行政区、街区和地区规划整合了许多之前孤立的部门）。一种三部曲出现了，其中涉及到了 (a) 微观规划 (b) 与当地规划吻合的多级规划转变成一种中间层次和宏观层次规划 (c) 分散参与式决策，它连接了不同层次的规划、管理和资源分配。

意识形态

　　我所说的都是强调这样一个事实，那就是我们生活在一个拥有强烈的思想基础的理性时代。不管怎么样，我们相信，这个国家会得以改革，发挥着一种促进性的角色。它会提供各种激励机制、主要的经济基础设施和建设性规定。事实上，作为开发策划的焦点关注，这三个领域组成我们自己的国家政策愿景。

　　说到意识形态，我并不是说我们是马克思主义者或者资本主义者，虽然我们经常被指为其中之一，但是我们确实受到了这些理念的驱使：

　　1. 需要改变，印度必须把有限的财政资源放在主要的经济基础措施上，其中涉及到了生产系统、一个"社会网络"和人力资源分配。

　　2. 只能靠自己，个体企业家会优先考虑他们自己的利润，忽视了发展经济和社会基础设施或者增加人力资源的财政转移。

3. 这个国家受到一个民主政府的领导和一个有能力的行政机构的管理，它可能会发生一次基于宏观层次、中间层次和参与性的微观层次规划之上的转变。

4. 所有居民都有权满足自己的基本需求，有权利拥有平等的机会，有权利意识到他们自身的潜能，有权利发展他们独特的机遇。

5. 达到这些目标的主要工具就是多层次和连锁规划，人们可以通过自我管理和自我统治的发展机构参与各种层级的社区。

专业人员

我们承受着各种难题，但我们确信我们能够了解某些成功的秘密。当然，我们大多数人都知道，这并不是一两个人所能承担的工作。我们需要一股新的专业力量来解决这场危机。此时规划学院的思想也就出现了（接下来是发展研究及活动中心）。

我们所说的专业人士是指有技能的、知识渊博的和敏感的人，他们拥有着自己的价值观：

1. 学术诚信；思考和决策过程具有逻辑性（反对私利、偏见、非理性信念和侵害）。

2. 对穷人的脆弱做出特别的承诺，例如，承诺要消灭贫困。

3. 对环境做出承诺：加强地球承载能力。

4. 机构要应对不同的人群，以这种方式创造平等性。

5. 宣扬民主管制，行政机构具有透明性、有责任心、有效率。

6. 能力强：拥有技术、知识和敏感性。

7. 社会高于自我；意识到"社会契约"必须凌驾于个人的"商业契约"之上。

8. 永远是学生：（1）在我们规划的情境中亲身体验；（2）参与团队协作，提出各种观点和方法。

对我们所有人而言，这些专业价值观超越了意识形态。它们在资本主义社会、共产主义社会和社会主义社会中都是有效的。回顾过去、考虑现在、展望将来，我仍然相信这些价值观会界定我们的职业。

这些价值观受到老师们的拥护，引发学生们的争论。事实上，这些学生是我们的第二批学生，他们在 1974 年艾哈迈达巴德首次正式会晤中创办了全国学生规划组织（NOSPLAN）。NOSPLAN 的最初想法是要为规划者创办一个新的价值体系。

基础法则

与我们团队、我们学校和我们的努力相关的最有趣的事情就是我们对局限性的认识。从根本上来说，我们都是来自建筑学和经济学、社会学和社会工作的人。我们从很大程度上是以社会科学为基础。我们知道，开发既不是经济学中的一次体验，也不是一次城镇规划体验。事实上，我们很快制定了一些基本法则，以免自己对自身的潜能抱有乐观想法。这些法则就是：

1. 开发并不是一次经济增长或者一个城镇规划过程，从很大程度上来说是一次政治和社会进程。

2. 开发所需要的政治和社会变化有可能本质上是无秩序的。

3. 开发并不是一次必须产生社会满足感的进程。

4. 我们努力并不一定成功。

5. 资源开发的代价可能是失去自由和民主。

6. 开发的某些不能预料的和违反直觉的方面存在于开发过程当中。

7. 开发、变化和成长是一种不可逃避的现实，我们必须面对，不必感伤。

8. 如果没有有效的大众教育，这些都不可能实现。

看完以上法则，我们快速放弃了对地球乐园的追求；我们放弃了综合规划或者完美结果。我们意识到，任何切实可行的计划都必须分立渐进的。充其量主要的经济和社会基础设施的主要结构会得以展示，当资金和意愿都有所增加时，增量行动才会得到执行。

最重要的是，"开发进程"是基础，开发的对象或产品位于第二位。我想说的是："开发是动词，而不是一个名词。"

明显的是，开发规划不仅仅是多学科的，同时也是交叉学科的：一个建筑师必须了解经济学；一个经济学者必须了解社会变化；一个社会工作者必须理解政治进程。

为此，我们所有的工作——未来之路概念化、我们小组的工作、课程表的制定——包含了所有的团队努力。我们的所有会议和我们的全体学生期末组织会上总会有许多经济学者、建筑师、社会学家、政治学者和许多其他人。这就反映出我们的观点，那就是规划是跨学科的。当我们创建起自己的小庙宇时，我们意识到，我们曾经不知不觉中创建一个由被遗弃的人组成的庙宇。

其他所有学院都具有城镇规划的性质。

大学里的所有科系都只教授单一的学科；你无法从一所大学的文科学士转变成另一所大学的文学硕士。

规划课程都只针对于土木工程师、地理学者和建筑师；规划被设想成了一次土地整治规划练习。

我们的学生在毕业之际所诉求的工作会束缚他们的发展。事实上，我们界定的新专业人士生成了许多新的工作和行业。但是我们在 1971 年并没有意识到这一点。

发生了什么？

我们总是把规划者看成是拥有远大目光的人。他们都是概念化的人。他们在社会、经济、政治和空间议题上拥有坚实的基础。他们知道如何准备计划。另外，规划者还趋向于专业化，以至于他们都能成为专家。这一点是好的，因为他们能够提供专业投入，比如在交通规划、住所策略、城市或乡村金融投资计划中。

然而，当规划者都陷入技术统治论者的狭缝中时，这也就变得有些危险了。他们不再利用自己的大脑，变成了"没问题先生"。他们学会了讨人喜欢和纵容，而不是公开宣示自己的价值观。我们的规划者经常只会像机械师修理别人设计的汽车那样执行各种决策。规划者必须提供愿景。

我们要去往哪里？

重大学术决策经常缘于最奇怪的经济原因。CEPT 研究生课程的长度从四个学期缩短到了三个学期，以相同的预算提供了更高的薪水！这并不是出于学术原因。（注：这是我在 1998 年的陈述。我很高兴了解到，从那时以来，在变化的资金环境下，课程重新恢复到了原来的四个学期。）

有能力的规划师的培训需要拥有一整年的情形分析基础，用来确定战略，根据社会和经济成本与收益来提供规划选择。规划师必须清晰地了解使用者、他们的压力、合理的问题陈述和议题。学生可以在第二年专注于特定的微观层次的规划和项目拟订。

毕业的学生应该能够准备一个新颖的计划文件，其中要概述压力、议题、难题、束缚和潜能分析、目标、客观现实、投入和产出、预算和现金流。这些特定的方法会专注于一些专业范畴，但它们的适用性是相同的。

我们必须能够提供专心于投入的专家。但是这些必须符合更大的愿景。

(1998 年 2 月在艾哈迈达巴德 CEPT 规划学院二十五周年纪念会上的演讲)

信件 21

转型经济中的生境流动模型

Models of Habitat Mobility in Transitional Economies

早在 20 世纪 60 年代，约翰·特纳根据秘鲁利马开发了一个典型的移动进入城市的模型。这个模型使用了时间变量（和假定的社会－经济改善）、住所的保证（土地使用权）、住所开发水平、社会地位和这些变量之间的关系。在模型中，特纳比较了定向移民、住所开发水平和土地使用权的优先次序，并表明，决定居住环境的优先选项会随着城市居民的变化而发生变化。通过追踪这些选项，这一点也得到了证实。随着这位移民的需求和财产不断变化，他的优先次序也会发生变化，这就使得他改变了他的居住环境。因此，当他无法支付房租，无法在附近获得临时工作，而又不能露宿街头时，他最初是与亲戚住在一起的。随后，当他的工作稳定时，他在城市中心租了房子，为自己的小家庭提供了经济住所。最后，他获得了定居权，在那里，增强的土地使用权意味着安全性和房屋升级中的安全投资，他的社会地位也得到了提高。随着收入的不断增加和工作的稳定，这些需求模式也会发生演变。

特纳的模型以利马的情形为基础，对相关的人类需求和日常工具进行了直接回应。特纳对接受条件、城市中心贫民窟以及最终发生兼并的规划良好的违章居留地进行了追踪，然而，这次社会－经济运动只是栖息地变动的多种模式中的一种而已。事实上，"利马模型"只是一种选择。

这个模型并不代表着南亚和东南亚的情况（随着拉丁美洲情势的变化，它可能也将无法代表那里的情况）。对于特纳的利马模型，重要的是它教给我们把〝居住环境〞看成是人类的需求，当一个移民从一个单身汉变成一个年轻的户主，变成一个有家室的人，变成一个想要为孩子谋划良好婚姻的爸爸时，他的需求也就会发生改变。在这个情境中（见图一），他对于地位的关注度逐渐变大，他的〝住所开发层次〞成就了他的身份地位。同样的是，当他还是一个年轻人时，他很少会关心住所土地使用权的保证。他可以睡在街头。但是，随着他不断成长，他成了老年人，那么住所就会逐渐成为他的必需品。图二表明了不同收入群体的住房总数量，以及随着收入的增加，他们的住所变动。

　　图三超出了特纳模型，指出了四种贫穷城市居民可能存在的四种情境。与南亚和东南亚的情境相似，这些情形就是接受、中间状态、巩固和持续接受。我们应该注意到，这些都是城市穷人所面对的情形。它们并不是环境情形。尽管一种环境可能代表着一种特定的社会－经济情形，但是任何一种环境都不能完全解释综合情形。因此，下面提及的环境象征着每种社会－经济情形的副产物。

　　接受是进行城市环境的新移民所经历的情形。在这种情形中，这位新来者——通常不具备应对城市工作的技能——对临时工作的需求是最大的，也可能最需要住在大型市场的附近，以便于能够在市场打烊时获得剩下的食物。他没有钱也没有时间花费在交通上，他对于住所的需求是最低的，因为他通常是形单影只，背着自己的所有家当。任何独立的避难所事实上都会耗尽他那有限的预算。最能应对这种情况的环境就是街道，在较温暖的季节，他可能会在大街上铺上一条毯子、报纸或破布度过一个晚上。另外，他还可能在火车站搭一个帐篷，在那里，他就像是一个等待中的乘客，来去匆匆。比较幸运的是那些有家庭成员的人，家人会让他们在自己

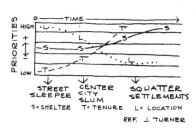

图一：利马模型

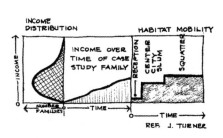

图二：最佳模型

家里住，然后尝试寻找固定工作。无论环境如何，它通常都是暂时的，这种情形会非常快速地转变成一种更加"城市的"存在。

在持续接受的情形中，一个移民的情况会长时间维持不变。它变成了一种生活状态，而不是一种暂时的解决方法。在这种情形中，接受的状态已经变成了习惯性状态。通常来说，它象征着一种与城市情境的薄弱联系，可能无法与城市经济和社会架构产生融合。通常来说，涉及其中的人们会忙碌于日常的手工劳动，或者从事于非常边缘的零售业。尽管露宿街头仍然是它的基准，但它可能需要一种更加制度化的形式。例如，在加尔各答，商店主会与某些人签订协议，允许他们睡在自己的店里，但他们要负责看管店面。在艾哈迈达巴德和亚洲的其他城市，人们可能会建造小单坡棚，留下足够空间来贮藏一些炊具和床上用品。在晚上，通过重新安置这个设备，一个生存环境也就生成了。与接受情形中形单影只的状态不同，持续接受情形中经常会出现全体家庭成员。

在中间情形中，这位移民已经成为城市的一部分。他很可能拥有一份固定工作，也可能与批发商店建立了合同，他的临时工作足够维持他租房的支出。位置仍然是一个首要考虑的因素，因为他无法支付交通费用，他现在所处的地位还不至于使他从较远的地方寻找临时工作的机会。他的家庭成员与他住在一起，他们也可能参与一些小规模的经济活动。这种情形最具代表性的环境就是城市中心贫民窟。

巩固情形得到了约翰·特纳和威廉·曼金的良好描述。利马违章居留地和印度的临时营房都代表着这种情形，尽管它们的物理结构是完全不同的。在这种情况中，这位移民已经评估了自己在城市环境中所处的位置以及他获得永久住所的可能性。他的工作和收入情形已经变得相对稳定，而且他的收入也足以支付某些交通费用。家庭规模相对较大，有些孩子会给家庭带来压力，对特定的身份象征产生需求。在这个时候，这位移民就可能会构想自己在城市情境下的安全感需要，并且可能因此探索各种不同的方式。

这些情形的真正物理结构依赖着这位移民的情形变化时机。根据时机和不同情形中不同的移民人群所采取的方式，环境也将会各不相同。因此，分析不同情形中的各种运动模型以及发现来源于案例研究信息的环境类型是非常重要的。图四是图三所描述的情形的图形排序，表明了次序和时机的重要性。

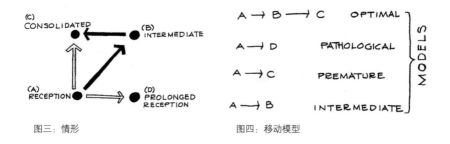

图三：情形   图四：移动模型

　　特纳模型是一次从接受到中间状态再到巩固状态的运动。它可以被称为一个最优化模型，因为所有系统都响应这些情形的需求和方法，由此生成的环境在一个成长转型中的城市的物理需求方面拥有强大的潜能。随着情形的变化，环境中会有足够的资源来支持这种变化。在这个模型中，特定情况被假设存在，比如可利用的空置土地、低费用的运输工具、私人和市政用地的低水平警方保护。另外，它假设城市中心的状况足以阻止人们在未规划的情况下移动到巩固状态。因此，特纳的最优化模型假定了一种制度环境中的大量规划，在这个环境中，土地是人人可得的。

　　在亚洲，特别是我在印度研究的聚落类型中，过早巩固模型更具相关性。在这种模型中，移民会直接从接受情形转变到过早巩固情形中。生成的环境中最重要的区别就在于，不成熟的模型没有成长和变化的能力。可及性和公共设施可能只有通过破坏某些居住单位才能得到改善，土地面积很小，而且通常是未界定的。另一方面，最优化模型产生的环境会在街道和道路布局方面显示出良好的结构，为将来留下了可以改善的余地。排水系统和公共设施可以很容易加入到网络中，它们的大小和形状也可以随着时间的变化不断升级和发展。廉价的土地价值似乎对这个模型来说是非常重要的，自从特纳公布他的发现以来的 40 年里，这种低价值土地在大多数印度城市中不再存在，而正是这些土地为贫穷的移民者带来了生存的机会。

　　过早巩固的原因，包括城市中心贫民窟中的令人极其不满意的状况；期望与亲戚和传统的社会群体共同生活的想法；良好的区域位置；缺少租用资金。图五表明，环境是与住所移动性的模型相匹配的。

　　城市中心贫民窟里已经人满为患，租金也是相对地水涨船高，以至于引发了过早巩固的出现。在印度和世界的其他地方，家庭、社会地位或者部落联盟决定了穷

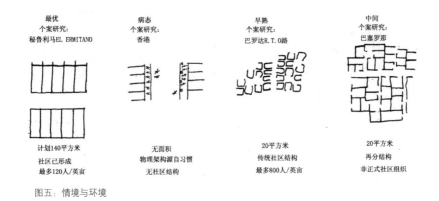

最优	病态	早熟	中间
个案研究:	个案研究:	个案研究:	个案研究:
秘鲁利马EL ERMITANO	香港	巴罗达R.T.0路	巴塞罗那

计划140平方米	无面积	20平方米	20平方米
社区已形成	物理架构源自习惯	传统社区结构	再分结构
最多120人/英亩	无社区结构	最多800人/英亩	非正式社区组织

图五：情境与环境

人的居所位置，过早巩固模型是非常普遍的。在这些情况中，一次移动会尽可能快地移居到他所属的种姓群体所在的区域。如果他的父亲或者他的叔叔已经住在这所城市，那么他会决然地住在他们的附近，而不考虑其他比较好的环境。这就导致了临时营房的出现，在这些区域中，房屋被过度建设。在许多情况中，一个种姓社区会与其他种姓社区划分界限，这就使本地域的人口密度增加。在这些区域中，社区组织性通常会遵循着传统的种姓线，会更加倾向于寻找生命的仪式，而不是解决一种城市存在的压力问题。与市政和国家政治结构的关系属于家长式领导；与其完全不同的是，利马的违法居留者是高度政治化的，并且会命名他们规划良好的区域和由此产生的新社区。

第三个模型包括了那些维持在持续接受情形中的人们。尽管亚洲的主要城市中这种最情况最普遍，但它肯定是一个全球范围内的现象，在这些城市中，一个饱和的劳动力市场导致不充分就业和失业现象，许多移民只能获得最低的收入，而且在那里（印度和中国的发展型城市外围就是很好的例证），建筑土地面积早已被各种建筑物所覆盖，似乎阻止了人们走向中间阶段的脚步。除了这些情况这外，这个模型中还存在一些被称为"脱离者"的组织成员。这些人可能早已经达到了更高的社会地位和环境条件，但是，因为某些不幸，他们被迫进入了这个病态的模型。不幸可能会把一个人或者一个家庭推入这个模型，这种情形通常也会阻止他们走向更好的生活方式。

这个中间模型代表着一次从接受情形向中间情形的变动。对许多居民来说，这可能会成为一种期望状态。这种中间情形可能提供一种层次的庇护需求和工作需求，而这在其他环境中仍是不可实现的。在一些情况中，比如一些没有孩子的小家庭，这种情形是最令人满意的状态。那些长时间居住在城市里的人可能更喜欢城市中心贫民窟，因为它能提供亲密的家庭和朋友关系，这是具有一定的经济价值的。他们可能认为，巩固状态中自置居所所提供的安全感无法充分代替现有亲密的人际关系提供的安全感。在印度，安全感被认为是存在于村庄中，城市中的生活被视为一种暂时状态，与最优化模型相比，向巩固状态转移的意义相对较小，因为在最优化模型中，城市居民都在城市情境中为自身寻找安全感。中间状态中的印度移民会向村庄中的家庭成员寄送一些盈余，他的地位和安全感也就得到确立，并不会转向城市建立一个永久住所。他通常会回到村庄结婚，并且认为，他会落叶归根，甚至他那出生于城市中的孩子也会把村庄视为他们的故乡。使得中间模型处于稳定状态的状况分别是城市中大量的贫民居所的供应；抑制巩固情形的强大政策力量；缺少良好的地址位置；不同于住所的传统的安全感来源；缺乏规划传统；与庇护所的实体居民不相关的地位结构。

　　四个模型（包括特纳假设的模型）代表了许多转型经济体的城市化中心中移动住所迁移的主导模式。拥有这种模型的相关环境似乎更可能把这些模型与各种情形关联到一起，进一步研究这些模型的决定因素可能不仅有助于确定这些区域中的住房政策，同时也能有助于我们更好地理解病态的环境和组成"贫民窟"的元素。

(1970 年 2 月发表于 EKISTICS 的文章的修订更新版)

城市形态的愿景与形成方式

Visions and Devices of Urban Form

自从古代印度教众圣典（Shastras）为城市的布局提供指导方针以来，城市形态和模式已经成为城市主义的主题词。一个城市的形象应该涉及到实践主义和浪漫主义两个方面。阿卡迪亚的愿景主线就是，贯穿历史，回溯到郊区花园的希腊室内体操场，远离被污染的思维、市中心的没落形态。逃避喧嚣世界的"花园"思想可以在罗马帝国遗址莫卧儿花园和盛大的中国城市专区中显示出来。这个概念调和了巨大的花园，这在凡尔赛、卡尔斯鲁厄和其他地方的宏伟壮丽的遗址中城市设计架构中有所表现。城市边缘已经成为绘画、文学和城市理论中嘲笑和怀旧的对象。

华盛顿哥伦比亚特区把宏伟的花园与城市规划联系起来。正如新德里鲁坦斯的国会计划那样，88 个 1875 年创建的宿营地和山中避暑地都是低密度的开放型城市规划。

19 世纪，园林城市运动试图把花园引入这座城市中，并且灵活地转移到了农村。城市规划理论事实上是一个逃避理论——逃避城市和现代城市生活的现实。弗兰克·劳埃德·赖特尝试把城市架构的转变化整为零，反映了一个工业社会中的人对乡村的迷恋。正如赖特的幻想一样，广亩城市是一个依赖于汽车的果园式的分散架构，里面的居民就像是赞助他的百万富翁。艾茵·兰德在她的经典语录中证实了这种个人主义哲学："永远不要说我们，要说我。"

勒·柯布西耶的立体城市（Radiant City）凌驾于宁静的乡村景色之上，形成了一种超然的城市形态。因此，欧洲的大自然抽象体是具有对抗性的。它从两个截然不同的角度看待人类和自然。美国建筑则是把人类与自然进行了融合。城市绿化带（Green Belts）从一个更加世俗的角度创造了一个违反直觉的非人类的土地，那里完全是违背常规的以及不被认可的开发。可笑的是，这些被忽视的丛林竟然被视为城市的"呼吸器"，你能想象得出一个人的肺垂吊在身体的一旁吗？因此，从理论上、法则上和实践上来说，这座城市的边缘是一个矛盾的诗意领域，是不计后果的水泥丛林。

像现代时期一样，现代建筑运动见证了社会现实、技术应用和艺术之间的联合。从霍华德到国际现代建筑协会（CIAM），20世纪早期的城市主义是对城市社会结构和社会组织性的一种表达，正如它通过《雅典宪章》（Athens Charter，写于1932年至1933年，第一作者为勒·柯布西耶，出版于1943—1944年）所宣扬的效能和城市形态一样。这里面有许多关于社会正义和创造社会机遇的思考。CIAM的规划原理在欧洲战后时期被误用来创建了由格子状街道和看似国际风格的结构组成的呆板风景。在重建城市的潮流中，诗情画意已经完全被忽视了。随着城市的扩张，原理被当成了公式。理论学者突然之间吹响号角，整个棋盘计划就是不断地重复乏味的盒子，以此来创建新城市。Team 10、现代主义者的孩子们和后现代主义者的家长们都在寻找能够让城市服务于公众的永恒节奏。公共领域和运转系统都是他们的主要关注点。那些跟随他们的人似乎已经把这个孩子扔到了浴缸里，支持那些缺乏公共领域的城市设计，取消了开放式的系统，用"大门"和入口过滤器把它们关了起来，缺乏流动系统、住宿系统或者机遇系统的社会理论。年轻的城市主义者被愚弄着来到美国郊区，学习它的人工制品，就好像它是20世纪的佛罗伦萨。后现代主义开辟了自我宣言的时代，就好像任何事物要成为哈利法迪拜塔，或者成为世界上第二高的建筑！"永远不要说我们，要说我"就是他们的标语！

凭空出现的后现代主义过于自私化和异端化，根本无法专注于"城市"这样的复杂事物，这也产生了新城市主义者。新城市主义并不新颖，也不并有任何的"城市"意义。像遵循艾茵·兰德的标语的新经济体一样，新城市主义是追求个人"机遇"的途径，只是看起来像创建公共利益的工具而已。这些孤立的、难以接近的、度假

佛罗伦萨

般的精英社区来源于佛罗里达海滨地区和奥兰多与迪士尼毗邻的迪士尼开发公司。两种调和物反映了 20 世纪末的乏力感。一种虚拟现实替代了真正的现实。迪士尼把新城市主义项目转变成了古玩村。这个概念就是要创造虚假的街道和结构布置，与迪士尼乐园和迪士尼世界很像。它的战略就是要吸引购物者进入零售市场。它们取代了"社区"，成为了投资机遇。它们成为了圈钱的地方，而不是居住的地方！这些所谓的城市社区没有工作，没有低收入家庭，没有工厂，也没有城市架构的其他方面。这里居住着盎格鲁撒克逊精英，它们并不赞成城市主义，而是想逃避而已。另外，这些都是由保卫把守的封闭式社区。过去 20 年已经证实了这个"公共领域"的死亡，在这片领域里，私人保护、控制和交流的空间不断增加。在出现的经济体中，人们需要刷信用卡才能进入购物中心。经济定性开始取代了种族隔离政策。

城市规划、土地章程和开发反映了所有社会的最文明化的野心。因此，它们同时也映照出了社会的丑陋现实。城市扩张和条状发展折磨着印度和美国之类的国家。汽车成为了必要需求。在大多数国家，与房屋贷款相比，汽车贷款相对便宜，而且更容易获得。公路建设得到补贴，汽油账单、保险和汽车贷款全都是免税的！政府支付了少量的资金，而道路却拥堵不堪，空气也被污染。公共政策支持着扩张和蔓延。最少在印度，寓禁税缓和了汽油消费和汽车购买量。然而，消费者贷款和减税却弥补了两者的区别。在任何情况下，当地加油站都是一个倾倒黑钱的好地方。与其他任何科技或政策干预相比，汽车对城市形态产生了更大的影响。我们的汽车政策就是我们的城市形态政策。

从很大程度上来说，城市形态是贪婪与法规之间的斗争。在新经济体中，一个人永远不会说"我们"，这个计划是用来满足期望，而不是解决社会压力以及寻找问题解决方案的。那些受益于一种特殊城市形态的人承担着塑造那种形态的"重任"。机遇都处于城市边缘，那里地价便宜，而经过开发之后，又以昂贵的价格销售出去。城市边缘是这种新经济前沿的罪恶之都。

拥有125000人口的小大学城盖恩斯维尔拥有的土地面积比巴黎还要多！为什么？因为当选的城市和县委员都是土地交易商和开发商，他们本身都从城市服务和设施中受益，因此这些服务和设施将会扩张到广阔的城市化土地上。他们和他们来自美国的兄弟们给他们的孙子们留下了巨额的债务和不可控制的公路网络、供水系统、电力和污水管线。

以上所有这些都使得城市管理的可能性减少，从城市核心到城市化空间，土地价格不断蔓延开来。人为的低容积率促进了开发的速率，使得居住用地变得更加稀少和昂贵。土地使用规划刺激了"投标与价格"体系，使得使用者开始竞争不同地域的土地。从地理角度上来说，低容积率扩大了铺设排水系统的成本，扩展了消防、水供应、电话和光纤。它们几乎使得法律和秩序无以维持。为了逃避高价格，住宅用地开发从一个居住用地跳到了另一个居住用地，城市体系受到了过分透支。低容积率、汽车补贴和土地使用规划都是引发这种扩展和蔓延的元凶，在那里，密度过低，以至于无法支撑有效的公共运输、适于步行的紧凑社区、基本的公共健康设施。新城市主义的章程是一个令人愉悦的文件，它指导了规划者和开发者如何去规划和布局"良好的投资"。那些将要入住的人们直到这些行动得以执行之后才会以购买者和投资者的身份出现在这个舞台上。这些都是用来提高投资的高标准指南。

我们必须取代总体规划和开发规划，开始一种智能城市主义章程。这将会展示出一种规则或主题契约，随后城市结构的特定成分也就会围绕着它们得以确立。这种章程就是一种罗伯特议事规则，围绕着这种规则，关于结构规划的参与式辩论也就发生了。结构规划包括了城市不可转让的部分和成分。这些部分从城市边缘开始延伸，人、货物、水和废物也会在将来不断出现。它包括了高密度节点和中心的建立，它们会聚集足够的人数来支持公共交通、便利设施和服务，这些都是步行就可以解决的。结构规划包括一套非常基本的规则，它们之间互相兼容，并且在各个连接器上，城市架构的安全和卫生都能够得到支持。

结构规划从根本上来说就是把智能城市主义原理应用为由地理气候背景决定的空间布局方案。像城镇规划方案和私人化布局这样的当地区域规划属于微小蓝图，它们通过一种分散性和积累性规划的参与性及透明化进程嵌入整个结构规划中。这种规划进程把城市转变成了人们用来实现梦想的工具。如果没有这种政策、规划和参与进程，开发就一定会受到既得利益的刺激和主导。它肯定会缺乏环境保护、社会助长或者有效基础设施的提升。我们正在规划的方案以及我们正在创造的城市都是人类发展的障碍。这些都不是代表公共利益的成果。只有少数土地交易商才会从中受益。

曾经有一段时间，空想主义者试图"设想"出理想之城。城市曾一度被设想成社会的栖息地和改善人类生存环境的工具。随着新城市主义被引入到现有的经济体中，它就会变成分裂社会的工具，以及一种把更多财富转移到那些已经拥有很多财富的人手里的机制。我们需要的是一种更加负责任的、透明化的和参与性的城市发展形式。对此，我们需要把智能城市主义的真正原理作为真实辩论的开端。新城市主义章程就是一个启示。

(发表于《印度城市的边缘》一书，Jutta K. Dikshit 编，新德里 Rawat Publications 出版社出版，

2011)

信件 23
困扰城市化印度的五个神话

Five Myths which Plague Urban India

 **神话一：城市化印度和乡村化巴拉特属于两个互相冲突的世界**

许多乡村精英和城市理论家曾经把城市看成是乡村领域之上的寄生虫，从农民劳动中吸取不劳而获的利润。事实上，这是早期的促进财富创造金字塔形成的殖民策略，金字塔顶是管辖城市。两个世纪以来，社会、经济和政治联系融合了期货交易和倒转交换，建立了所有事物的相关性——从消费品需求到城市劳动力需求。现在经济的指数性成长会加速人们对教育程度更高的劳动力供应的依赖。

接近一个世纪以前，我们大多数人都信奉一种简单的城市对乡村的思维定势。这种观念是非常错误的。前两个五年计划完全忽略了城市和工业化，而只是支持乡村开发。除了几个大水坝、肥料和钢铁项目及它们相关的乡镇企业以外，这里很少有城市服务和运输设施的投资。只在 70 世纪早期，城市开发企业和房屋与城市发展公司（HUDCO）才出现，专门为中产阶级提供住房金融服务。国家房屋银行出现得更晚。这些机构利用 20 年的时间专注于弥补房屋空白，添补所欠缺的计划房屋需求数量，而不是促进住房建设进程，强调基础设施的建设。这里从来没有促使人们和私营部门解决自身问题的概念。

1986 年，我受到亚洲开发银行的邀请为他们董事会提供一份意见论文，讨论它是否应该成为城市部门。我必须为他们提供诸如 "城市是文明的所在" 这样的陈词滥调。我必须告诉他们，城市是创造产品、工作和贸易顺差的经济发动机。在亚洲（包括新加坡和香港），人们认为城市和村庄在某种程度上是互相冲突的，对此，也就产生了很强烈的乡村偏见。投资城市基础设施被错认为是从村庄转移走资金。或者，有些人认为，安装一个城市水龙头会引发十个乡村家庭迁移来使用它！像大多数把事情推向极端化的思维定势一样，城市对乡村思维定势似乎是一种真理，使印度城市和乡村为此付出了沉重的代价。同时，乡村开发政策过多地从经济角度出发，开发高级街区，使得大多数地区面临着乡村贫困化，并且把人们推向了那些并没有做好接收准备的城市。这都要归因于一个神话。

事实上，城市－乡村地区是一个整合的社会－经济机制，它生产原材料、培训大量的技工和管理者，并把创造我们所说的财富的经济投入归纳到了一起。如果得到整合，它们就可以互相激发，互相丰富。如果没有城市领域，就没有农产品市场，如果没有欣欣向荣的土地，城市产品也就只能拥有有限的市场。经济地域如今已经在许多方面变得全球化——我们只是最近十年才意识到这一点。数十年以来，城市 vs 乡村的神话使得印度无法享受到充足的城市和经济基础设施。

神话二：大量目不识丁的农村人涌入城市，使城市变得拥挤不堪

世界上流传的"共同想法"就是，乡村向城市的迁移是城市弊病出现的根本原因。事实上，这一想法是错误的。农村向城市的迁移是工业化、农作物商业化、改善乡村健康和教育、媒体传播和交通进程的一部分。廉价劳动力的适用性是印度经济成功的关键因素之一。政策制定者对现代城市所扮演的角色采取了鸵鸟式的态度，忽略了城市基础设施的需求。当孟买的市政委员会宣布对违法居留者进行处理，并开始拆除他们的小棚屋，强制命令他们返回乡村时，他们发现，大约 75% 的雇工都居住这些区域！如果他们被赶出这座城市，那么孟买就会陷入停滞状态。事实上，所有对城市经济基础有所贡献的关键部门都会陷入停顿状态。许多城市专家并没有解决城市基础设施、廉租房和廉价服务的问题，而是一味地思考如何停止农民的涌入。90年代早期，HUDCO 成立了一个专门工业小组来分析抑制城市人口增长的方式！

政策制订者和规划者手头上拥有一些符合成本效益的战略选择，但这些选择并没有得到完全的采用。最基础的就是贫民窟改进方案，它把基本卫生和主要基础设

孟买贫民区，2010 年。

施带给了终端使用者。加尔各答的布斯蒂改进计划是这种观点的一种有效变化，它涉及到了数百万的公众。70 年代早期，我们在金奈也使用＂站点和服务＂快速生成了大约 15000 个具有公用设施的地块，在那里，人们可以建造自己的住所。政府不应该让当地政治家以一种无组织的方式把公共土地开拓为殖民地，而是应该起到带头作用，让穷人获得住所，城市所要做的是起到一个关键的城市战略平台的作用。实际上，国家政策把这项任务交给了工人党派，并且从那以后以一种特别的方式解决了相关的问题。获选的行政官员和殖民者的共同结合打击了低收入群体在服务和设施方面做出公平支付的想法，形成了一种富人凌驾于穷人之上的情形。有效的政策能够为这些住户带来更多的土地使用权和必要服务，让他们成为纳税、自己承担后果的市民。但是，我们政府体系的利益就是要使这些住户保持在一种从属性的及拼命挣扎的状态，而不是提高他们的社会地位，成为自立的市民。事实上，这些人都是＂隐形的＂，就像是非法定居点不会出现在大多数官方地图、规划和文件中一样。

神话三：城市规划阻止了经济发展和增长

这个神话的意思就是，城市规划是经济发展的一个绊脚石。事实上，好规划就是好生意。规划最好的城市从经济角度上来说会比那些未经规划的城市表现得更好。

然而，印度城市规划的存在在很大程度上仍是一个神话。我们所说的"规划"并不是促进发展的机制，它们只是法规而已。普纳的最后开发规划 1987 年就准许实施，但直到 1997 年，它才考虑到人口预测。其中并不包括贫民窟的人口——这相当于城市中的一半人口！这应该被控疏忽罪。规划中没有任何定界地块和公路，它只是涵盖了普纳市政当局的范围，而事实上这座城市包括九个地方当局，并且蔓延到了所谓的大城市地域规划区域。同时，这里还有关于宿营地、MIDC 区域、信息技术公园、两个大型市政公司、商业园和经济特区的散乱规划。

资本主义成长于一个"界定的、公平的和稳定的运动场"。投资者需要投资土地，这些土地的实际面积、真正拥有者、土地使用、开发控制条例和容许 FSI 都是得到保证的。如果土地销售者认为每个月都会带来较高的 FSI、宽松的标准和更高的收入，他们就不会急于把自己的土地销售出去。印度城市规划专注于那些指定单一功能地区的彩色总体规划。在这些地区中，开发控制条例通过容许高度、地面覆盖范围和 FSI 来确定使用程度。经常被称为开发规划道路的一些公路和干线的基础设施项目可能会被显示了来。这些两维的彩色的土地使用计划为公路、便利设施和公共区域预留了有限的空间，它们并不能显示出地块的界线。在这个法定架构中，许多变化在之后会通过首席部长不透明的城市开发小姐委员会的自由裁量权得以实现。这个体系招致了腐败。

这些条例和规则指定了最小的地块尺寸，而对于中产阶级下层或者穷人来说这个尺寸仍然是他们无法支付的。因此我们在城市规划中的微小努力忽略了大约 70%的人口，这些人根本不可能获得建造住所的土地。这些所谓的综合规划并不能促进城市的发展。它们不允许小建设商和个人的开发，也不能改善城市的品质。事实上，人们被迫居住的八层和十一层公寓大楼是建立在一套建设法则的基础之上的，这些法则是由建筑商和圆滑的政府官员联合制订的。规划并不是一套有时限的规则和条例。我认为，我们没有任何规划。这些统制式的"非规划"相信，规划会阻止经济和社会发展。

我们需要结构规划，建立必要网络和交通要道，保护环境和公共资产，确认可以提升城市村庄的混合使用专区和潜在节点。它们界定了不同的区域，在那里，当地土地所有者和其他股东可以参与当地区域规划的制订。事实上，这与印度宪法第74次修正案的条款非常一致。当地区域规划应该利用土地合并，所有土地都被暂时"存入银行"，随后在去除公路、开放空间、便利设施和其他公共资源之后，再进行重新分配。每个拥有者随后都会拿回他们标定土地的比例份额，而不是成为"权益保留条款"的受害者，或者为界线和所有权而感到烦恼。如果我们利用专业的、促进式规划来指导城市开发，那么城市区域将会出现有序和丰富的发展。

神话四：社会立法保护了处于边缘、弱小和贫穷的人

在争论国家是否应该保护那些处于社会边缘和没有能力的人的利益的情势下，一些城市社会法定措施已经颁布。他们保护弱小群体就是一个神话。事实上，他们剥削的正是穷人和中产阶级，使他们贫穷化和边缘化。

最著名的立法就是1976年的城市土地上限和法规法以及城市租金控制法。城镇和农村规划法的退步性已经被提及到了。

租金控制法出现于20世纪40年代，当时，混凝土和钢筋被用在了战争方面。

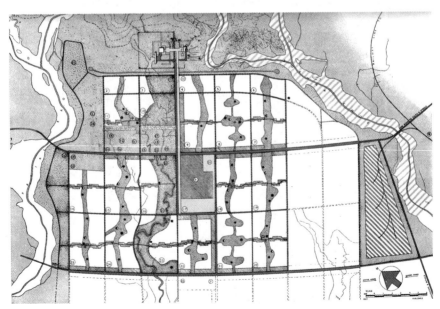

勒·柯布西耶绘制的昌迪平面图，1953年。

在那个时期，大城市拥有多种租赁市场，这个措施就是用来保护市场免受因为建设缺失而引发的租金膨胀。通过在战后延伸这些法定措施、创建"终身制的"法定租户、为这些群体冻结租金，政府实际上是毁掉了活跃的租赁市场。在过去这些年中，少数租户被赋予了较高的补贴。数十年以来，任何新的租赁股票都没有出现，租赁投资也没有回馈。在关上租赁市场的大门后，孟买城市中心已经严重恶化，导致很多失败和灾祸。贫乏的法定租金根本无法满足这些单元的基本维持。城市当局无法意识到这些宝贵的市中心房产应该征收必要的财产税。整个城市就是一个失败者。其他城市也有类似情形，因这个"社会立法"而遭受痛苦。

租赁市场一方面受到压榨，另一方面又受到城市土地上限和法规法的扼杀。这个措施突然之间把所有大地块从市场移走了。一个专制的土地清理系统增添了腐败和混乱。较大的地块被用来为新住房方案供应停车位、便利设施和开放空间。它利用马哈拉斯特拉邦的城市化状态使这些措施得到了缓和，古吉拉特邦和其他地区则有效地结束了这一做法，或者通过修改新租赁股票和大地块使用方面的规则，减轻了它们所产生的影响。但是，我们仍受到黑暗的过去的影响。

最近的方案涉及到了孟买土地的再出租。连续四代首席部长都曾经是城市开发商，这些土地被分到了他们自己的成员手中。更糟糕的是，这里没有任何把这些土地融合到城市架构中的规划。结果就是，繁华的城市中心专注于过高的收入、高层建筑和 MNC 租户，其中包括了来自新政策的一般公民。

另一个政策推力就是贫民窟恢复法案，一个开发商在 40% 的土地上建造了许多 269 平方英尺的多层公寓大楼，高收入大厦仍维持在 60%。住在这个地带的人们现在要住在过度拥挤的小房间里，他们的生活相互交叉，互相分享公共开放空间。更好的卫生和更立体的结构是这种开发的一个积极方面。但是那些被用来获得社区同意来参与这些方案的暴力手段是我们的民主价值观的可疑表达。这个计划并没有为穷人创建任何新房屋。虽然它被吹捧为一个"房屋战略"，但它仅是一个以一个更民主的政策为代价的为富人提供房屋的战略。

这些措施的结果就是使房屋数量的供应变小，并减少了人们获得房屋的选择和渠道。这就增加了被迫进入非法贫民窟和社会边缘的家庭数量，同时也增加了犯罪的数量。这些措施必须立即停止。

神话五：我们拥有大量城市开发经费和解决城市问题的开发机构

在过去四十年中，一个成熟的城市开发制度结构一直处于伪装状态中。房屋和城市开发公司和国家房屋银行已经在顶端水平运行了数十年。基础设施租赁和金融服务公司和像马哈拉施特拉邦国家道路基础设施公司这样的实体公司在印度城市基础设施开发中以主要参与者的身份出现了。地域城市开发公司、房屋委员会、基础设施开发实体公司、像德里城市铁路公司一样的机构、城市和工业开发公司以及许多公司都为国家提供了许多解决重要城市基础设施问题的工具。

这些机构的功能和范围经常以互相冲突的方式互相重叠、互相复制。许多都是来自″供应面″经济政策的落伍者，试图填补规划的空白。其他机构则是发布″无异议证书″的许可证制度的一部分，以获取贿赂为生。例如，你需要在孟买持有 17 份无异议证明才能获得一份入住证明。所有官员都抵制单窗式的方法，因为那会使行贿受贿掌握在少数人手里！他们的层级制度和管辖会造成令人烦恼和不健康的机构竞争。数年来，上层机构在建造房屋时就是参与着数量游戏，忽略了城市基础设施。营建系统中的许多股东在进行大项目建设时被忽略了。例如，建筑材料生产商和小住房承包商都在进行大项目建设过程中被边缘化了。大小水库和大型水供应管线向城市输送饮用水。然而，贫民窟和高密度经济公寓却无法获得充足的水源。大型城市交通项目的规划方案已经多次反复向当地居民灌输，为此付出代价的人们变成了传说故事。这些城市项目为贪污、贿赂和黑钱提供了途径。如果说这些机构处理的是城市所存在的问题，那么这只能是一个传说。他们是一个不正常的城市管理体系的创造者，而这个体系是受个人扩张的野心所驱使的。

过去 10 年的观念的突变就是，我们确实需要经济基础设施，我们需要快速拥有它。在这个过程中，像德里地铁和孟买到普纳的高速公路这样的少数大项目已经提升了国家的可信任等级。

当一个社会接受的是偏见的态度和神话时，它就可能利用新项目和全球化的口号。但是受贪污文化引发的自上而下的、不透明的、集权式决策会持续烧旺那些神话所点燃的火焰。

信件 24

城市扶贫

Poverty Alleviation in Cities

全世界都在为土耳其 1996 年 6 月 3 日至 14 日的人居环境联合国会议做准备——HABITAT Ⅱ。联合国人居中心的总部位于内罗毕，它组织的此次会议会在持续发展的环境下调查人居环境问题；正式发表原则和承诺声明；制订了一个全球性行动规划；回顾了过去联合国计划的实施。同时，它还号召专注于住房问题中妇女的特殊需求。

印度也组织了一些协商会议来为此次大会做准备。在 HABITAT Ⅱ 的准备进程中，非政府组织和以社区为基础的组织也积极地参与。从我的角度来看，这一切发生的同时，这个世界共同体本身却缺乏清晰的目的性。在涉及基本服务时，联合国组织在贫穷和人权方面表现得苍白无力。因此，我认为，我们在印度应该利用自己的头脑来解决人们的压力，而不是依赖于房屋和基础设施这些物质层面的东西，我们在 HABITAT Ⅱ 中须保持一种明确的目的，虽然它现在看上去是场典型讨论会，但事实上它可以被称为一艘无舵的船。

自从独立以来，印度就一直通过五年规划、社区开发项目、特别区域开发项目和稀缺资源救济与各种开发问题做抗争。在独立后的很长一段时间内，印度超过80% 的人口都依赖于农业，它在对待"城市问题"上显得犹豫不决。另外，城市的基础设施和服务似乎已经占据了不成比例的份额，更多的城市投资吸引着农村贫穷人群流向了城市。农村向城市的迁移被认为是"糟糕的"。马克思主义者、甘地主义者和封建权力精英类的人物表示了对城市的厌恶。他们之所以产生这种憎恶之情，是因为他们意识到了，城市是梦想中的社会主义制度的课税基础。城市只是牵拉着美丽的火车的丑陋发动机。

无论这种假设如何天真，它们确实让政府和国际捐赠机构产生了相类似的想法。同时，大量城市公共投资都流向了必要的城市基础建设，比如公路、发电和输电、排水设备、蓄水池和应用网络。这些投资一般都属于"干线基础设施"，而不属于终端设施。住房委员会建造了规划社区，房屋成本使中产阶级底层的人根本无法获得房屋。他们的努力依旧没有解决人们的住房需求。

在世界银行的资助下，孟买这样的城市的未来人口得到规划，他们的用水需求也得到了考虑。降雨集水区、水坝和贮水池集水区、灌溉水渠、蓄养池和管道都进行了设计。大型水净化系统也得以建成。但是，这个大型公共健康基础设施和普通城市家庭之间的联系却被忽略了。水龙头很多，而贫民窟却被忽略了。这个缺失就是压力的来源、问题的所在、所有城市基础设施议题的解决方案的线索所在。

非政府组织对农村与城市议题拥有相类似的关注，但是他们在城市利用自己有限的力量提出了更具参与性的进程，并且提高了终端用户的可及性。对于穷人无法获得许多基础服务的关注日益得到重视。

在过去数十年中，政府和非政府组织喜欢谈论房屋建设，因为它是一个拥有合理财政责任的可见支出。开发是"可见的"。然而，几个基本障碍阻挠着住房建设投入。简单来说，就是：

1. 土地使用权：最贫穷的住户已经非法居留在其他人的土地上，在这样一种情形中，贷款资格、法定认知和必要服务被证明是非常难以提供的。从某种程度上来说，90 年代中期的立法缓和了这种状态。

2. 可复制性：当最小限度的示范单元是人们可负担得起的时候，隐藏的费用、复杂的组织投入和特殊的财政安排也使得这些"试点项目"成为了隐藏补贴所支持的展示品。这些都是永远不可复制的模板。即使付出巨大的代价，也只有少数住户能得到补贴。这些补贴都是通过那些销售房屋且不劳而获的受益者"付现的"。

3. 支付能力限制：一个房屋单元的成本必须根据以下几个源头进行估算：住所所占土地；支撑房屋土地的直接社区（公路、便利商店、开放区域和步行道）的公

CDSA 关注发展问题和进程，1988 年。

有土地份额；土建工程；干线基础设施一般费用、专业设计／管理费用；建设期间的贷款利息费用。不能被忘记的就是"利润"。如果一个建设商或者一个小规模的承包商参与到此次建设中来，那么他们的合理利润最少也应该为 15％。这些费用都会被加入本金当中，由住户承担，分期还贷。本金和利息必须逐月支付，偿还房屋贷款。最贫穷的住户根本无法承担按月分期付款，他们的收入不稳定，也根本无法满足有规律的按月付款。

4.目标群体：在所有贫民窟中，许多低收入群体都居住在一起。贫民窟中人们的经济水平是不一致的。以"穷人中的最穷者"为目标的项目通常使穷人中的"富裕群体"受益。支付限制通常是把穷人中的富裕群体与住房项目的利益相匹配。开发研究和活动中心所进行的研究表明，一家贫困户仅仅建立一份 10000 卢比的贷款文件就需要大约 600 卢比的费用（1986 年）。因此，真正的受益者通常都是那些富裕的住户。与通货膨胀量的不断扩张不同，生存状况 2010 年仍原地踏步。

5. 渗透：因为以上原因，大多数住房方案中几乎每一个支出构成都得到了补贴。这就使贫困家庭倾向于以现有的市场价格销售受到资助的住所，把补贴转化成现金。这样，他们就逃避了分期付款的苛刻性，并且获得可观的利润。如果上述提到的所有支出构成都得到补贴，那么即使排除利润，那种补贴水平也会成为"渗透因子"的一种度量。捐赠者和当地非政府组织的目标终究被破坏了。

6. 贷款补偿：随着收入水平的降低，拖欠率也急剧增加。这都是因为： (a) 低偿还能力； (b) 要求那些拥有不固定收入的家庭定期付款的分期付款系统； (c) 缺少对银行系统的了解； (d) 抵抗支付的政治煽动； (e) 不完善的或者不能强制履行的罚款制度。其他对贫困用户的要求把重点放在了对一个不可见金融机构的偿还上。建立在乡村银行模型之上的社区水平金融体系已经获得了更大的成功。

同样，"住房"从来没有以一种明显的方式使穷人受益。如果看看这些数字，你会发现，它既没有对无家可归者带来任何影响，也没有给大众带来庇护之所。正像艾哈迈达巴德维卡斯开发中心的R.I.沙所说的那样，它经常被称为"非政府组织的雇主"。它并不是受益者们的需求，而是捐赠者们所洞察到的需求。也许，这是由建筑师和工程师组成的非政府组织仅能提供的"技能"罢了。最糟糕的是，真正的穷人被住房投资弄得无家可归。要不然房屋过于昂贵，要不然拖欠支付使人们失去了拥有房屋的资格。即使像海德拉巴社区发展计划这样的规划精细的项目都导致了人们流离失所；最终被迫无家可归的人永远是那些穷人中的弱小者。

与此同时，城市不断成长，在印度的一些地方，大约40%的人口在1991年人口普查中就成为了"城市人"。根据阿密塔巴·昆都1994年所说，对于整个印度来说，城市人口中贫困人口的比例要远大于农村人口中的比例。直到1997年，据估计，城市每年提供的工作岗位要比农村提供的多。农村地区的种植制度和非农活动开始依赖于城市市场和生产投入，从而缩小了城里人和农村人之间的概念差距。所有居住点如今都被划入一个相通的经济体系，在那里，某些部件的忽略会对整个系统起来负面影响。在一个由政治选区主导的一体化经济中，"支持农村"已经逐渐过时了。

在70年代的调查研究中，简尼斯·坡尔曼提出，二元经济在35年以前就成为了一个神话。城市与农村之间的差距也是如此。农村精英们以清晰的城市化路线和企业管理投资经济作物和农用工业。在农村地区，贫困工人的雇佣潜力在80年代就接近了一个阈值。除此之外，到了 21 世纪初，印度已经进入了一种快速城市化阶段。然而在这些城市中，你依旧可以发现最大比例的穷人，那是所知道的印度最深的贫困程度。

让我们稍微思考一下，这些新出现的穷人都是什么人呢？他们在寻找工作和赚取工资的时候面临着哪些障碍呢？他们难以满足的基本需求是什么呢？

谁会成为未来城市的贫困者？

直到 90 年代早期，政策制订者就知道今天的情境会是什么样子的。如今的城市贫困者主要是处于他们城市户口的第二个和第三个十年中——第一代、第二代和第三代城市移民和他们的孩子。贫困人口大约占城市人口的一半。贫困者中真正弱小的人是那些有着早逝风险的人，他们大约占利用 Sukhatme 的营养分析方法的城市人口的 15% 左右。

这些最新出现的脆弱群体引起我们的最大关注，因为从每种意义来讲，他们都是最易受伤害的人群。他们甚至会缺少饮用水。他们拥有非常低的技能或者根本就没有技能，他们靠他们的体力生存。他们对经济体系的意识局限于劳动承包商的约定方式，他们都是按日计酬，通常是结帮作业，或者来自正规的劳务市场。他们的协议条款不提供任何就业保障，不提供任何失业救助，不提供任何健康福利，不提供任何退休基金，按实际价值计算，他们的收入属于世界上的最低收入。在职安全是很低的，没有任何意外保险会保护他们或者他们的家人。印度以一种由穷人的社会安全赤字所保证的经济优势参与全球化经济竞争。

这些报酬微薄的工人们参与到那些非技能建设工作中，或者以临时工的身份在配套供应商那里为更大更正规的部门生产者服务。此外，城市中很大一部分穷人会进入那些位于低收入区域的非正式经济部门。独家垄断式的家庭生产、以贫民窟为基础的作坊、非法的小规模行业和替代大规模正式部门单元的辅助式中级规模运营之间将产生某种联系。这种运营的例子就是服装计件工作、金属车床工作、小制革厂和相关的皮革制作。像小烟卷加工这样的传统业务也会定位于贫民窟。事实上，超过 50% 的贫民窟房屋掩蔽着许多生产活动，支持了全球经济。

这些城市穷人会在 10 岁时就成为劳动力，或者成为他们父母的帮手，或者成为直接雇佣者。许多人会以餐馆工、清洁工、信差、助手、装订员等身份参与服务行业。作为小孩子，他们会陪同父母一起去工作场地，在家庭式产业中工作，或者主要负责管理他们自己的家庭。大多数超过 10 岁的家庭成员都会参加工作。但是他们只会得到最低限度的雇佣（每年只能工作 10 到 90 天）或者处于半失业状态（每年只能工作 91 天至 180 天）。在他们工作期间，他们的薪酬只会比生存收入高出一点点。根据联合国儿童基金会和世界银行所说，这个群体中婴儿和小孩死亡率与发病率处于世界最高水平，他们的营养水平和健康水平则处于世界最低水平。对于少数几个上学的孩子，考勤问题、衣服问题、学习资料问题和竞争问题都会把他们放回到大街上。对于那些能够留在学校的孩子来说，他们所面对的就是最糟糕的学习环境和灌输式教育。他们无法接受充分的教育，所学知识也不具有任何功能性。辍学率就会反映这一点。

在这些城市里，穷人为生存而挣扎，较小一部分的上层中产阶级社区则会参与世界上最高效的教育体系。他们的父母将管理着为全球市场供应商品的现代化正式行业。他们将会从事于各种职业、专业、服务和商业。他们将会成为一个复杂的"后现代"风格的服务部门的操作者。然而，为了留存在中间阶层，为了成为中产阶级，新手们面对着巨大的压力。

另外，大型行业中雇佣的资深的工人阶级所享受的工资大约是底层工人阶级的三倍。他们其中有三分之一的人要负责养家糊口，他们会居住在最贫困社区旁边的贫民窟里。他们会享受到养老金、健康保险和意外保险。他们会享受带薪年假和奖金。他们的卫星接收天线从简陋的小棚屋里伸出来，唯有这点能安慰路过的富人。他们拥有一定的技能、教育和对城市生活的领悟能力。他们属于某个工会和政治团体。这些上层穷人会憎恶他们的贫民窟邻居们的肮脏和贫穷。生存的绝境会使这些脆弱的人急切寻求工作，以赚取薪资。这种劣势会对那些已经获得一点工作安全感的穷人产生一种经济威胁。穷困的人不会被怜悯，而是被看成一种潜在的威胁。

就业市场和收入的障碍

因此，当我们谈及城市中的穷人时，我们并不谈论贫民窟居住者。我们谈论的是包括 15% 底层的下层阶级。他们不能完全理解这个体系，他们只能获取有限的工作机会，考虑到他们的技能领域，这些真正穷困的人们会走进一个贫穷循环中。

他们甚至不具备可以承担低水平的文书工作的语言技能或者提供基本的服务。他们的数字感差，也没有精湛的手工艺。

他们无法拥有基本的技能，根据国际劳工组织所说，他们缺乏在基本的装配任务中做决定所必需的经验主义逻辑。另外，根据世界卫生组织所说，他们瘦弱，容易生病，并且因为高发病率的存在，他们拥有很高的缺勤率。

最糟糕的是，他们的想象能力是非常有限的。设想不同的角色、状况、情形、情境和背景都会超出他们的能力。"舒适的生活"对他们来说是遥不可及的。

他们主要是通过步行去工作。有些人骑自行车。许多人是无票旅行——非法搭乘公共交通工具。他们会五六个家庭成员一起生活，8平方的居室，没有窗、水或卫生设备。有些人会挤着使用水龙头、共用卫生设施（不卫生）和有限的洗浴空间。土地市场会增加环境的密度，使本已欠缺的基础服务受到了更大的压力。

自由主义化和全球化会加快这一进程，使转型过程变得更加艰难。大众传播和消费主义只会使穷人间的差距变得更明显。随着新经济、新科技和新市场的出现，未来的工作者将要面对更高的就业条件。由于收入分配和住房市场的系统功能紊乱，所有居住于贫民窟的人都要面对各种不足，最穷的家庭则会承受着贫困和饥饿所带来的真正压力。此时，优先考虑的事情就是生计可持续性发展。

我们如何达到这一目标呢？

基本需求：缺口位于哪里呢？上述所说的城市穷人中的脆弱者并不具备获取最低水平的交通、初等教育、基本卫生保健或者娱乐的购买能力。食物摄入、卫生和预防性健康保障的不足会降低他们自我发挥的能力。缺乏"支付能力"会使他们无法获得任何形式的私有财产，其中包括机械化设备或电子设备或汽车和土地所有权。他们可以取得足够的衣物，但他们的衣服也证明了他们下层阶级的地位。

他们未能得到满足的基本需求会存在于以下三个领域：

生存：营养、健康和卫生；

转换能力：技巧、意识和知识；

维持机制：住所、交通、衣着和娱乐。

他们的基本需求针对的都是工作、他们获取的收入和他们所在的社会地位。

两种战略也就因此清晰地呈现出来。

首先，我们必须创造一种社会网络来确保生存需要。这并不是发展。它只是必要的危机管理。大约15%人口需要生存保护。非政府组织只能提供典范和课程，却无法弥补这个巨大的缺口。他们通过此举获得了支持者的道德之声。他们的言论具有了威信。在城市区域，非政府组织的角色就是设计一个社会网络，进行应用实验，评估合理的成本参数，分析规模化的衍生物。它必须与政府机构达到严密的契合才能扩大规模。很明显，政府机构需要分析和重组。在它现有的状态下，它既无法帮助低收入户，也无法授予他们某些权利。

第二，发展战略的出现必须针对生计安全感，包括认知建设、团体行动和功能性教育。认知可以通过团体会议、学习资料和团体交流进行廉价推广。功能性教育和技能发展则花费较多，推及范围也相对较窄。但是非政府组织部门拥有充分的培训机构、技术学校和工作培训中心网络，它们推行的是半日制教育，这样那些脆弱的人也可以利用晚上的时间进行学习。这就是一种宣传功能。

最重要的是，我们必须保证城市民众的生存持续性。在步行距离范围内获得就业权是一个必要条件。不管是创造公共资产还是创造私有资产，工作是必须要提供的。土地开发就是大规模就业的空白区。建筑工地上的非技能临时工是另一个空白区。城市造林、垃圾收集和基本保养则是其他空白区。

我们必须努力的方向就是一个国家人类发展计划。首先，这样一个计划必须保证人类的生存，必须提供人类的必要需求。斯里兰卡的60年代和70年代的社会保障是值得我们研究的对象。它保证了每个市民都能免费从定量商店中获得定量的大米、石油和木豆，这些定量商店也可能是批发商店。印度现有的市民供应系统是可以依赖的。斯里兰卡的婴儿死亡率达到了36‰，在许多印度诸邦，婴儿死亡率达到了16%（1980年）。是哪种政策措施使这两个同等贫穷的国家产生如此大的反差？第二，这种计划必须保证就业权。

我们现有的通过工作予以保证的规划可以得到激发和提高。这就需要我们研究美国大萧条时期罗斯福政府提出的工作进度管理。以工代赈、饥荒救济和就业保障方案是其他需要重新审视的项目。

这里凝结着我们的使命和目标。我们必须提出一种国家扶贫计划。人人有工作是我们力所能及的目标。一个覆及最贫困人群的社会安全网络是必要的。让他们以智慧的眼光去看待他们所生活的体系是我们的责任所在。最重要的是，在这个"自由企业"的时代，我们必须重新审视这个团体的神经职责和公共工具的使用。我们永远也不能把公民的东西私有化。

HABITAT Ⅱ成了一个固守仪式的集会——超过一百个政府成为了勉强的被邀请者。巨大成功所需要的是变帽子戏法和表演魔术秀的大量非政府组织。"贫穷"这个词语必须寻找自己在这个集会的词典中的位置。他们的报告谦和地提及到了"有限收入"。在不断的摸索中，HABITAT Ⅱ将会再一次新瓶装旧酒。源自于地球高峰会的21世纪议程将被抹去灰尘，涂上一层城市上光剂。全球住房战略将会被重新命名。虽然说我们不知道将来会发生什么，但一个监管城市的学术性计划将会得到提议。可以确定的是，所有这些都会被以环保的、性别敏感式的语言进行包装。我们不能允许如此重要的一个事件像一个空景观一样从我们身边悄悄溜走，我们有责任记住HABITAT Ⅰ给我们带来的教训。我们不应该一味担忧1996年已经做出的决策，在印度，我们必须拥有自己的议程，以免浪费精力去迎合一个缺少允诺和方向的系统。事实上，我们必须提供这个方向。就像我们不能把公民的东西私有化一样，我们也不能把自己团体内的人性化和照顾性的东西全球化。但是，我们可以共同努力，通过一种共同的事业和价值观来彼此强化。我们不需要另一个地球宪章。我们需要一个属于自己的有效的贫困救济战略。我们希望HABITAT Ⅱ能紧跟我们的步伐。

信件 25

进入栖身之所的渠道

Channels of Access to Shelter

如今，印度创建了如此多样的建筑物。从建筑角度来看，你是怎么看待它们的？

建筑风格反映的是当前的社会，它谈不上好也谈不上坏。印度新经济体的出现是因为它是世界业务外包的目的地，在这里，客户的目标就是要减缩成本。但是他们想在全球范围内实现这一目标。这些项目的 90% 都属于"冷壳"，在这里，低预算和快速的进度是设计的主题。人们所做的并不是寻找质量和美丽，创造更好的居住环境，因为这并不是最初的目标。跨国公司、开发商和商业建筑师之间存在一种盟约，他们所制造的毫无个性的城市构架不属于任何文化，也不尊重任何历史。

你可能是与城市开发局和国家住房委员会合作为低收入群体开发新城镇和大型住房项目的首批建筑师和城镇规划者之一吗？他们遭遇了什么？他们会持续为低收入居民服务吗？你仍然致力于这种项目吗？

我 1972 年有机会在贾姆纳加尔为住房和城市发展公司（HUDCO）经济较弱的部门设计首个住房计划。在那个由递增的四合院房子组成的系统里，每个用户都拥有一个洗手间和一个水龙头，另外还有一间房屋和一个庭院，他们可以通过一个阶梯爬到屋顶。这些地块大约是 28 平方米，中心房屋大约只有 18.5 平方米，然后用一个小庭院来达到平衡。我是经过一系列事件才接手这个项目的。我 1968 年获得富布莱特奖学金，在印度期间，我一直专于研究城市棚户区。我在瓦尔道拉认识了一位年轻的劳动领袖森纳特·梅塔。我们设想了一个为穷人提供住所的方案。数年以后，我回到艾哈迈达巴德创办了规划学院，梅塔成为了古吉拉特邦的住房部长。几乎同一个月，住房和城市发展公司建立。梅塔让我立即接手贾姆纳加尔的浩大工程。比如雨水排水沟、路灯、饮用水供应、排污设备连接和进入通道。我的观点就是，我们要尽他们所不能，他们则尽自己所能。我在金奈就是通过世界银行的资助为城市开发局做这件事情。我们提供了大约15000个服务区，事实证明，这是非常成功的，它将会为建造1800所无法负担的小型房屋而付出代价。这个观点受到世界银行全球性的复制。

这是印度不惜代价向世界输送智慧财富的一个案例。世界银行只是借着它的脚步向前奔跑而已。我与达塔特里亚先生和拉克斯玛南先生（马德拉斯城市开发局的城市规划者）共事，我们所做的就是享受解决问题带给我们的激动时刻。后来，我们发现，许多华盛顿"专家"把我们的发明当成自己的发明。当然，只要我们发明的工具能够为广大使用者服务，我们对此毫不介意。如今，人们对"开放软体"持有各种不同的观点。在我们的价值系统里，我们要创造各种发明解决问题，享受着问题得到解决所带给我们的快乐。在华盛顿，我们的观点成为了商品，人们试图利用它们建立自己的职业生涯。

我1976年有幸在海得拉巴城市开发局创建的第一个年度接手了其第一个项目。我想探索城乡之间这样一个概念，那就是，有安全感的城市穷人（在这种情况下，是指第四级政府公务员）成为了经济脆弱部门的开发者，对这些人而言，租赁住所具有更大的意义。因此，我们设计了一个由2000所房屋、便利设施、购物广场和开放区域组成的城镇体，户主们可以在100平方米的地块上拥有一个小中心房，享受必要的服务。这些地块相当于我们在贾姆纳加尔所使用的地块的五倍大。户主们快速建造了更多的房间，并把它们租赁给了收入更低的群体（经常是自己村庄的亲戚或其他人）。承租人利用公共健康基础设施（增加了好几倍的效能），房东们则利用房租来达到偿还房贷和升级的目的。这些小房东要偿付地税，因此作为纳税人，他们对城市资源的分配做了一定贡献。在海得拉巴的案例中，2000块地块上为一些低收入群体建起了6000多个终端用户住所，这是政府当局永远不可能实现的事情。这就是使穷人获得住房的三个与众不同的渠道。我称之为"社会建筑"。

OPPORTUNITY MATRIX								
LOW END .... O P T I O N S ....HIGH END								
1	2	3	4	5	6	7	8	9
Food Scrap Food / Junk food	Cooking for Self	Dhabas / Common Tiffin	Mess	Kitchen Corner in Room	Shared Kitchen	Family kitchen	Cook Prepares	Restaurants
Shelter Street Sleeping	Shared Bagos	Shared Rooms / Lodges	Rented Bagos and Sub-Rented Apartment Rooms	Shared Houses	Rented Apartments	Apartment Ownership	Rented Cottages and Bungalows	Owned Bungalows and Houses
Clothing Discarded	Self Made	Second Hand	Local Tailors	Readymade	Branded	Imported Cloth	Boutique, Imports	Fashion Designers
Education Training and Guidance Maintained at Work Site / Play Learning	Parented and Sibling	Adult, Elderly and Informal Education	Creche / Nursery / Pre-Primary Schooling	Primary / Secondary Schooling	Higher Secondary / Traditional crafts On-the-Job learning	Local Colleges / Vocational Technical courses	Regional Foreign University for Under-Graduation and Post-Graduation	Distant Foreign University for Higher Education
Transport Walking	Walking / Bicycles	Walking / Rickshaws / Hitching Trucks	Walking / Two wheelers / Taxis / Intra-City Buses	Walking / Taxis / City Buses / Inter-City Buses	Employer Vehicles / Cars / Taxis / Buses / Trains	Employer Vehicles / Cars / Taxis / Regional Buses / Trains / Flights	Employer Vehicles / Cars / Trains / Regional Flights	Employer Vehicles / Cars / Regional and International Flights
Health Superstitious Rituals	Traditional Local Medicine people	Trained Para medical people / Community Health Centers	Primary Health units / Paramedics	Neighbor-hood Clinics / Dispensaries	Regional Health Facilities	Thimphu Hospital	Indian Specialty Hospitals	Distant Foreign Options
Recreation Inebriants / Dornas / Bidis	Traditional Sports Activities / Inebriants	Newspapers / Radio / T.V.	Gardens / T.V. / Videos / Films	Parks / Sports Cafes / Bars / Films	Clubs / Discos / Gymnasiums / Shopping	Local Tours / In-Country Tours	India Tours / Regional Tours	Foreign Tours
Savings / Debts Debts to Money Lenders	Friends / Family / Money Lenders	Money Lenders / Family /Friends	Family / Friends / Employers / Money Lenders	Family / Friends / Bishis / Money Lenders / Gambling / Employers	Provident Fund / Bishis / Gambling / Employers	Banks / Provident and Mutual Funds / Employers	Banks / Shares / Provident and Mutual Funds / Employers	Financial Institutions / Equities / Businesses / Banks

(STRESSES — 纵轴标签)

机会矩阵

另外，我还于 80 年代中期在塔那和卡延为孟买大城市开发局实施了大规模规划项目，我重点强调了宏观社会和经济基础设施与用户终端访问。一般而言，发展规划只是计算出水、电和污水处理的人均需求，并在干线基础设施水平上满足这些需求。这就遗漏了那些住在贫民窟和一些老旧建筑物中的 70% 的人口。我们扭转了这个局面，策划出参与式战略。提供饮用水的公用水龙头、洗浴场和厕所都是由用户群进行管理。在另一端，我们考察了地域水资源、地域雨水排水网络和交通系统。我们从两头出发，设计出了一个可行的城市战略。在塔那，90 年代早期就得到了很大程度的改善，从而扭转了这座城市的经济。贫民窟升级的概念成为了第四条渠道，让穷人们拥有了自己的住所。

我为什么不依旧坚持这一点呢？第一，我对设计概念和开发观点感兴趣，却并不想成为一个生产住房的工厂。第二，我意识到，与建设相比，一个人可以通过构建公共政策对住所的获得产生更大的影响。我们的城市规划法效仿的是英国园林城市运动，包括宽阔的林荫大道、大型公园、巨大的房屋地块、单一功能土地使用区域和低密度。我们的官僚主义者感觉到，印度应该以西方为依据来塑造自己。我知道，政府和城市穷人们都拥有遵循这个模型的资源。问题的答案就在于新规章、新城镇规划标准、新人生观和新规则。这就是我构思智能城市主义原理的原因，它已经成为了我最近大多数规划工作的基础。

你能向我们提供一些你为其他南亚国家和东南亚国家（比如斯里兰卡、不丹、马来西亚和印度尼西亚）提出的城市和地域开发规划的重要细节吗？这些细节都得到实施了吗？

我曾经一直忙于马来西亚、印度尼西亚、斯里兰卡、尼泊尔和不丹的已有城镇和新城镇的规划准备和规划分析。在马来西亚，我推动了政策的改革，政府以充分设计的公路网络和公共健康基础设施建设着新城镇。他们为穷人规划了大型地块和高科技标准，这些是永远也不可能移交给那些进行自我管理和负责当地管理的股东的。只有一个赞助机构管理这些城镇，它们才能够存活——拥有大量补贴。

根据西方标准设计的中上层阶级花园城市让我们看到的是最小的地块尺寸、退步、地面覆盖范围和其他城市开发标准。这种愿景的错误来自于最高层，利用的国外模型，依据的是现有的经济体。在印度尼西亚，我为农村穷人们设计了住房战略，以此作为他们首个国家农村开发项目的一个起点。另外，这个问题被错误地看成了"如何为农村住户或者85%左右的人口提供最小的标准房屋"。开发被错误地看成为"事物"的生产，而不是网络和进程的创造。

通过考察农村的健康统计资料，这个问题才得以扭转。很大一部分死亡率和发病率源自于被污染的饮用水、糟糕的污水处理以及对疾病和环境卫生的肤浅认知。这种新方法把社区看成一个大家庭，把村庄看成了一个大房屋。以前，社区洗浴池被用来提供饮用水，并被用来给动物洗澡。污水渗漏到这里面来，把这里变成了疾病的温床。新房屋开始拥有功能性教育、用户终端水资源、污水和环境卫生管理。住房项目被彻底改造成了一个栖息地项目：新房屋就是一个新村庄。

在尼泊尔，我为当地参与、微观层次规划和分散性实施设计了一个机构性体系。在不丹，我为三个新型工业区准备了实体规划和经济战略，它们将负载着过剩的权力和劳动力。我们同时还准备了新资金规划和州议会大厦复合体——对复合体中的主要建筑物进行设计。这些都正在建设中，需要数年才能完成。

更具吸引力的还是我们在不丹四个城市的整体结构规划内准备的当地区域规划。这些都为紧凑的城市村庄提供了必要服务和便利设施。当地土地主也参与到了

作者设计的不丹国家礼仪广场，2006 年。

其中：他们把自己的土地汇集到了一起，留下 30% 的土地用来建立公共设施，之后，他们依序拿回了相当于原有土地 70% 面积的土地。这是一个诡计吗？拥有公路交通和基本服务的新直角地块每平方价值相当于他们之前农用土地价值的五倍。所有这些工作都是以智能城市化原理为依据的。我们在不丹的最后规划就是一个在远东被称为 Denchi 的小新城镇。这将充当着一个行政中心和把开发推向东方的小磁铁。

印度城市现在处于过分拥挤的状态下，它们的基础设施已超出负荷。你认为是什么阻扰了印度的城市规划？它如何才能进入正轨？

城市规划之所以受到阻扰，是因为我们根本就没有城市规划。我们只有两个标有颜色的土地使用限制和密度限制的两维规划。我们为不同地域设定了建筑管理法规，并把其称之为规划。这些只是对土地开发的限制，而不是城市开发的催化剂和促成者。一个规划可以指导开发，并促进其完成。城市开发是一种伙伴合作关系，而不是一场斗争。

不仅如此，对于像普纳这样的城市而言，最后的开发规划也是开始于 80 年代中期，至今已有三十余年。这属于刑事拖延。像香港和新加坡这样的快速城市化城市，作为经济增长的中心，它们利用了广泛的城市规划来确保经济开发的进行。在新加坡，所有土地都属于政府，然后租赁给私有部门，根据清晰的城市设计指南对其进行开发。很大比例的人都居住在公共的、政府提供的房子里。在印度，我们拥有最糟糕的资本主义和最糟糕的社会主义。我们感到困惑，并且认为这两种主义是互相排斥的。资本主义是由良好的规划所支持的。我们在经济特区和商业区所做的正是要建立一个更加可行性的系统。但是对此，占用农场主土地的观点是一个错误的概念。因此，我们并不拥有一个可行性的系统。对此，这里很少有例外，像艾哈迈达巴德发生的事情一样，一种强大的公共和私募的合作关系与城市规划方案为城市成长提供了一种合理的模式，与我所描述的不丹的土地汇集非常相像。

在独立后的前五十年里，印度城市被完全忽略了。人们根本就没有意识到，乡村与城市属于一个整合系统。它们互相供给，互相依靠。城市是经济开发的发动机。我们五十年以来一直依赖着这些发动机。如今，面对着拥挤、污染和不卫生的生存状况，我们正在因为忽略了基本的经济原理而付出代价。良好的地域和城市规划具有良好的商业价值，然而，没有人意识到这一点。我们在经常长期的睡眠之后才终于清醒过来。从某种程度上来说，印度城市正在证明经济理论是虚假的。人们总是认为，经济和社会基础设施的定位会带来经济的增长。然而，像普纳和班加罗尔这种面对基础设施严重缺口的城市也正处于不断的成长过程中。但是，这必须以巨大的人力成本为代价。

塔塔房地产集团的大项投资受到了挫折，把世界上最廉价的汽车生产转移到了古吉拉特邦的较富裕的州上。孟加拉邦的事件并不是归因于愚蠢和固执。我们所有人都期望塔塔集团的项目能够成为扭转经济的一个刺激。但是，政治家们同时也让塔塔集团和自己的民众们失望了。他们通过残忍的土地征用，破坏了一项重大投资，同时也丢失了一次缓解就业形势的机会。我们必须从中吸取教训，必须把民众放在首位。与不丹一样，在印度，良好的规划必须是参与性的，土地主和股东们都要参与其中。

如今，我们的部分问题在于商业学院的毕业生们，他们所接受的教育是极其片面的。他们的知识有限，技能欠缺，根本无法应对咨询决策的工作，然而他们异常傲慢。经济开发、经济发展和社会变革全都涉及到了参与性与合理性规划。可是这正是我们当今所欠缺的。我们必须意识到，WTO 并不是一项开发战略。它并不是一项社会转型的规划，也不是一项经济开发规划。它只是一个刺激跨国公司成长与扩张的工具。我们的挑战就是要探索如何使广大民众从中受益，探索城市规划要如何把更好的生活品质与经济发展融合到一起。

作为切入点，当我们利用土地来做大型项目时，我们必须通过土地汇集、土地储备和合理的重分配来实现这一点。另外，除了特定的经济特区之外，我们需要特定的生境区，这是对特定的经济特区的一种补充。我们不能只考虑到开发工具，而忽略开发的关键——人。

你首先创建了像规划学院和 CDSA 这样的机构，然后又创建了自己的工作室。为什么你要拖这么久才创建自己的工作室？是出于何种缘由？

我从未想过要以创办一个建筑工作室作为生存依赖。建筑是一项艺术、一种心甘情愿的工作，而不是一种生意。我所有早期作品的出现都是为了非政府组织、志愿机构，或者为我自己和参与其中的机构。哈瑞斯·马因德拉邀请我设计印度联合世界学院，这项设计荣获了 2000 年度美国建筑师协会奖，从而使我们的客户数量大增，这就促使我开办一个更大的工作室。建筑师需要资助者来养育他们的创造力。我们需要媒体报道来结识资助者。除非我们非常自律，要不然就会陷入一个贪婪和牟利的恶性循环。我从未欺骗过客户。从某种程度上来说，我在客户面前表现得有些傲慢，因为我必须让他们知道我属于独立的个体，我就像是为他们做心脏手术的医生，不需要执行他们的命令。另一方面，我又是客户的服务者，我必须保证他们的利益高于一切。但是我永远不会通过免费设计来求得工作。我从来不会降低我的费用。如果开发者要在质量指标方面妥协，并且要把自己的罪责分摊到未知的终端用户身上，那么我绝不会为其做设计。

我之所以等待这么久才开办自己的工作室，是因为我认为自己需要花费四十年至五十年的时间才能全面了解建筑工艺。我认为，我自己仍然是一个学生。我认为，我自己仍然在不断学习中。我的老师就是我的工匠、历史学成员和工作室中的团队成员。每个新建筑都是一个新发明。我们会把设计和之前项目中的体验运用到那个进程当中。但是，每个项目都是新的，我们必须谦逊地对待它们。我们的客户经常是以一些对建筑进程毫不了解的年轻管理者为代表的。他们并不了解艺术。他们认为，一个人可以在一个月或者数周内就可以创造出美。这就像是 AIDS 一样四处蔓延的疾病，作为专业人士，我们必须让大众认识到这种疾病。它正在影响着城市架构的特性，而正是这种特性孕育着我们，正是这种特性支撑着财富创造的基础，由此，我们才能维持生存。

什么让你留在了印度？

我曾经一直觉得自己属于彻头彻尾的印度人。我出生在一个小村庄里，那里的生活令我知足。我从 1968 年踏上印度这片土地之时起，我就没有对这个地方感到陌生，也从没觉得自己处在异地他乡。我爱印度的人民，我爱这里的景色，我爱这里的春夏秋冬，我爱这里的灰尘，我爱这里的炎热，我爱这里的动态，我爱这里的食物，我甚至热爱这些城市的嘈杂和村落的宁静。我感觉不舒服的那一刻就是我从飞机上走下来，来到美国的那一刻。我当时的想法就是："我什么时候可以离开这里？"

距离你把印度建筑元素吸收到设计中还有多远？

不管好与坏，建筑都是来自于它所在的背景。一种建筑风格不可能吸收所有的元素。也许你可以装饰一座建筑物，并让它看起来具有本地风格，但那只是一个赝品罢了。你必须让自己的设计贴合于整个景观、工匠、材料和客户的需求。所有这些变量都属于印度，因此我的建筑风格也属于印度风格。即使我尝试使用玻璃和钢制品，那也是我对新事物和陌生事物的好奇心。那是我把外界事物带到印度的兴趣，把所有事物融入一个巨大的观点和概念宝殿的兴趣。

(2007 年 8 月 11 日和 12 日《商业标准报》Gargi Gupta 的访谈)

信件 26
一次访谈

An Interview

过去几十年中，你对印度和它的建筑风格之间的关系是怎么看的？

建筑是由许多现实的层面组成的，建筑师被训练通过那些可以用来解决典型问题的模板和模型来应对这种多层复杂性。建筑教育可能开创自我发现的多个窗口（教育），也可能是每次都模仿某个模型（培训）。在建筑教育之后，会有大量的时尚、流行事物和流行思想腐蚀着人们的创造力。媒体传递着各种是非信息。年轻人尝试着通过媒体电波来寻找自己的未来出路。然后，许多"大师"会创造出某些架构，表达自己解决复杂难题的正确方法和态度。无意当中，安顿在印度使我远离了那些所谓的围合思维定势。当我 1971 年来到印度时，这里还没有电视、网络、电话系统或者国际期刊。我也因此有幸与后现代主义"失之交臂"。直到后现代主义结束，我才知道它确实发生过。那也是我在离开美国 26 年以后，1998 年上网之后才知道的。

那时候的印度拥有数以千计的神，它们反映的只是印度对许多解释、感知和结论的心理倾向。从表相看事物，而不是寻求"绝对真理"，这就是印度独有的最富创造性的力量。任何事物都不受约束；每件事物都处于不断变化中。一个观点可以从不同角度和方面得到不同的诠释。即使是最伟大的概念，也会存在许多解释：这里没有一种完全"准确"的方式。即使你拥有某种信条，它也是不断变化的，它只是"绝对真理"的虚像而已。与追求真理相比，我宁愿追求美好。印度架构更多关心的是一个概念的核心和它的许多生理与意识上的解释、类似物和隐喻，而不是关注于公理、原理、法律和法规。

因此，印度是我作为一个艺术家和建筑师的天然有机的归属。我在美国的成功几乎使我窒息。在美国和欧洲，我总是会不断地追求创造力，总会戴着有色眼镜，这使我和一些乌合之众一起走向了一个"绝无谬误"的方向，而看到所有的选择性。媒体、金钱和声誉使我走向了一个预先设定好的"正确方向"。印度让我寻找到了本质，而美国则只是让我看到了表象。

但是美国难道不是一个伟大国度吗，它让你有机会进入伟大的院校学习并在哈佛大学教学。

美国是伟大，那是因为你可以伪装；印度伟大，是因为你可以寻找自己，也可以做自己。我在哈佛大学和麻省理工学院学到了很多，因为我有幸受教于那些具有启发性的教师。但是当我开始在哈佛大学教书时，我意识到，我落入了"表象"的陷阱，我隐藏了自己的真实天性，看起来根本就不像自己。品味制造者对我进行不断的修改。麦迪逊大道留下了它的名片，我所受到的诱惑使我受到了惊吓。那是一份令我惊慌的致命的爱。我喜欢发生在自己身上的一切，但我知道那会扼杀我的灵魂。我一有机会便逃到了印度。

人们经常会问及你对于当代印度建筑或者正在出现的西方建筑的观点。你的观点是什么呢？

我根本无法回答这些问题，就像两种相互不关联的情形无法产生一个相关的问题一样。建筑物只是建造事件的结果而已。它们是一种文化残骸或者废弃物，上升到了视觉的顶端。要想成为真正的建筑，一个结构必须能够面向未来，反映过去。更有趣的就是使形态成形的事件的先驱，以及这些形态对未来事件的影响。此时，事件结果的分析就得有意义。

对我来说，建筑不是物体，也不是制造物体的过程。它是居住在使人愉快的空间或环境里面的人们，接受形式、感知空间，并在有意或无意间迷失在建筑之中的体验，而这些体验对个人的情感、悟性和记忆则起着非常重要的影响。

就像策划好观众们的体验的电影摄影师一样，我尝试为那些穿过我的空间的人们设计体验。穿越空间时的体验就是一种动力学建筑。它是一种预先设想好的计划。

泰姬陵

居住在这些电影剧集里的人就成为了角色扮演者。他们给予这些空间以生命和意义。冰冷的、人造的空间此时就会转变成各种"地点"。因为居住者的存在，它们充满了生命力。这就是所有伟大的大马路、走廊、广场、舞会或者街景充满吸引力的地方。泰姬陵让许多人拥有了共同的体验，把生命和永恒带到了物理场景中。这不仅仅是砖石建筑的惊人影响力。人类的欢乐感也因为整个体验而得到提升。你会因为是人类一分子而感到自豪，会因为成为某种更加伟大事物的一部分而感到自豪。

泰姬陵的图像或者一个更加谦卑的结构的图像只是在当前环境中运作的体验系统的类似物而已。对我而言，印度建筑风格就是受偶发事件影响的不断变动的背景，这种背景与当今形成西方建筑风格的包装消费品的固定形象是格格不入的。我们可以说，建筑风格就是那些体验者的共同回忆。这种回忆振奋了精神，给出了未来的愿景，传授了乐观主义精神。如果某个世界的本质斗争属于乐观主义者和犬儒主义者之间的斗争，那种建筑风格所扮演的角色就是非常重要的。

在欧洲，我参观了一些被称为建筑风格的特技。我看到了一个真正伟大的工程壮举，那是一座糟糕的建筑和一座可怕的博物馆。这个由一个混凝土框架结构组成的糟糕建筑物被用作了一个构想粗劣的、无法运转的博物馆。整个建筑都是由大胆的钢结构覆盖的，这个结构本身确实是一个伟大壮举。他们在建造这个结构的同时，忘记了里面的博物馆。它只是利用尖叫来吸引大家注意力的孩子，却并不是一个伟大文化的成熟艺术品。然而，在印度，我们却在不知道这些特技的真正重要性的情况下对其赞美不已。这就是印度对西方抱有浪漫幻想的例证。我们满怀敬意，但是隐藏它就会令人猜疑。这就像一个有钱人与夜生活女人之间的爱情。许多激情和吸引力都被扼杀在欺骗和不尊重中。

你对当代印度城市的看法有哪些呢？

我不想谈及关于印度城市如何糟糕的日常数据。我想指出，印度城市代表着活力和动力，它们生长在全球系统的边缘，而这个系统则受到了巨大的层级经济体的扼制。在印度，我们拥有地域文化、建筑风格、电影和诗歌。你曾经听说过阿拉巴马州的电影运动吗？哦，没有什么值得听的。它离世界文化的中心太近了。就像德干高原处于西高止山脉的阴影中才会寸草不生一样，西方很大一部分都处于大城市的文化阴影中。普纳是一座充满活力的城市，巴黎、伦敦或者纽约很少人会听说过它。然而，他们都听说过新泽西州纽瓦克市，那里没有灵魂，没有生命——只是一些空壳和遥远的回忆。像外围国家中的数以百计的城市一样，印度城市充满着嘈杂、波动、不确定性、矛盾和偶发事件。这是创造力的原材料，自由思想的要素。

我们生活在一个世界体系里，这里运行的是"中心－边缘"动力学。中心不断地吸收边缘资源，边缘则购买中心生产的东西，其中包括了思想、时尚、品味和习惯。密集的富足的中心核心被塞进了一个越来越紧的金钱与能量球。富足的中心就是一个对人产生诱惑的陷阱。冲进去的人就不可能再出来；像飞蛾扑火一样，再也不会回来。他们的债务抑制了他们走出去的能力。他们的思想也成为了一种债务。每个人都受到"正确思维"、"正确行为"、"正确品味"、时尚包装和少数生活思维定势的驱使。真正的艺术不可能出现于这样一种混沌中。真正的生活存在于边缘地带。艺术只是生活的一种反映。在艺术中，你可以犯错，可以探索各种选择。艺术肯定是一种冒险。

难道印度不是追随着西方吗?

是的，印度的确是在抓住"最新的事物"，并且被美国社会某些世俗的东西所吸引。看看大家在写短信时用最平庸的美国英语"wit da"就知道了。但是，这仅仅是给一小部分中产阶级带来痛苦的小打击而已。作为受消费者驱使的媒体的产品，有价值的东西是电视节目和销售的产品。印度逐渐出现一种地下文化，它寻求的不是工作，而是职业。他们对自己所能获得的创造力不感兴趣，他们只对自己能赚多少钱感兴趣。他们被驱使要走进来，而里面的东西就是所要销售的东西。卡尔·马克思把宗教称为"人们的精神鸦片"。如今，它正在"购买的"就是人们的精神鸦片。他们需要金钱。这是这些精英在购买时达到忘我状态的特权。他们最终都会生活在装有空调的小盒子里，在相似的小盒子里工作，并不断地在这些小盒子之间奔波。他们为生活在这些小盒子里而感到幸运，当他们抽出时间时，他们可以带着全家一起外出购物，不间断地购物——在众多装有空调的场所里。他们的脑袋里没有多少想法，他们在这些盒子里会寻找到一种麻木化的幸福生活。

因此说中心的疾病向边缘扩散是正确的，但是边缘也正在向中心渗透。《商业周刊》把我的印度联合世界学院设计称为"世界十大优秀结构之一"——无论它的含义是什么。历史总是一个关于边缘创造力和力量压倒中心的故事。以弗兰克·劳埃德·赖特为例，他从中心地带搬迁到了偏僻地带，然后又进一步搬迁到了塔里埃森的隔离带。随后，他的作品、观念和思想吸引了"中心地带"的人们。结局并不总是如此，一种组织性低的事件进程可能反而会影响着呆板枯燥的中心组织。中心地带的创造力就像是一棵盆景树——非常有条理也非常有趣，但是毫无创造力可言；非常有趣但并不是非常美丽。当然，这里也有例外，但我所说的也是事实。

最近在马德里，我遭受了一系列被称为现代艺术事件的冲击。这些浅薄的行为不仅没有趣，而且实在是过于愚蠢。你可以在纽约或者在巴黎和伦敦看到相同的"垃圾"。他们把它们与佳作混在一起来神化自己，这些粗俗的艺术品如此缺乏设计和思想，以至于策划人认为它们肯定是非常杰出的！中心地带的品味制造者都受到了迷惑。他们起领头作用，但他们并不知道自己到底要走向何方。西方艺术家、批评家和媒体之间存在着一种亲密关系，他们之间无法互相区分。这种裙带关系会产生一种愚蠢的"肯定"，谁有胆量告诉皇帝他没有穿衣服呢?

甚至 10 年以前，印度还没有接收最新事物的大众媒介。我们没有任何范本来告诉我们要创造什么。技能、技术和艰苦的工作是最重要的。我们所想的就是从嘈杂中寻求秩序，摆脱多样化，从数以万计的表现中做出选择。这里没有任何的有色眼镜告诉我们如何穿戴，如何伪装。突然之间，印度在尝试重新定义自己时使内外都发生了转变。不幸的是，这种重新定义是以消费和错误的个人权利意识为基础的。一个人的自身形象是由赚钱和消费的欲望促使形成的，与获得最大创造潜能的期望无关。你会发现优秀的年轻人在所谓的 IT 中心的生产线上工作；每天日日夜夜不间断地接听电话，复制那些本不存在的问题的解决方案，在所谓的"机械单元"中大量炮制出毫无意义的事物。质量和价值被购买和消费所代替，生活毫无意义可言。我们正从一个低能源低消费的社会向一个高能源高消费的社会转变。我们正在从高层次思考和简单的生活向低层次思考和奢侈的生活转变。

你在不丹的城市规划和建筑项目的优势和突出特征是什么？

不丹处于一种理念体系中，这种体系使西方思维定势完全倒置。它并没有追求国民消费总值，而是追求国民幸福总值。它的本质就是生活的平衡，或者所谓的中庸之道。人类与自然之间的平衡、建筑构造和自然地势之间的平衡，生活的激情与工作激情之间的融合。这种追寻追求的是团体之间的欢乐；追求的是义务和责任感，而不是仅仅追求自由。它起源于冥想和自我发现，而不是受媒体所驱使的狂热。我们在工作中发现了两种观点，它们对我们在不丹的规划和设计产生了重大影响。一个观点被称为智能城市主义原理。它追求的是城市建筑／生活与自然、传统、科技、工作、组家、玩耍、冥想、活动、治理等之间的平衡。这些原理是一种章程，城市社区一致同意利用它来处理所有新观点或者项目。这就导致超过 50% 的城市土地被绿色植物、水域、自然栖息地、脆弱的生态系统和游乐场地所占据。它还生成了一种城市村庄的概念，这些村庄都坐落于各个小溪之间的分水线上。它还引发了城市走廊的创建，各个城市村庄之间可以通过廉价低能的公共运输工具与这些走廊连接在一起。这些概念在那时都被转变成了混凝土与砂浆，变成了树与水。

当谈到建造新结构——新国都大厦——我们充实了批判性地域主义的观点。传统的建设系统是建立在一个永恒的逻辑之上的，从批判的角度来看，我们分析了工作和生活的新功能和技术需求，并探索了与情境"非常符合的"本土建筑语言的诠释。

这不会陷入任何流行或时尚中。它适应于一种独特的文化背景和环境。人们经常问我不丹的新投资计划并不是对印度城市的衰退所做出的一种反应。我的观点恰好相反：印度规划者还要从我们在不丹的工作中学习很多。并不是说要学习不能做什么，而是要学习寻找新的道路，引导我们更加确定自己想要做什么。

你最近接受光荣的使命去扩大第一个印度管理学院校园——世界级学习中心。印度十五个最有名的建筑公司入围此项目。你对自己的选择有什么看法？

肯定地说，在当时，那是我所接受到的最光荣的使命。加尔各答印度管理学院是一个以价值为导向的智能中心。这里的成员与大多数管理成员有点明显的不同。他们知道在一个新社会和文化形成过程中企业所担任的角色。他们对各种趋势和矛盾表现得非常敏感，同时也知道自己应该做什么。因此，与这些博学的客户共事是一种荣耀和挑战，他们追求的是质量，而不是利用 FSI，更不是一味追求成本效益。这个项目需要我们共同努力，为学习、发现和创造力创造一个新环境。这个建筑构架也必须为互动、自我发现和自律性的开发创造一种气氛。它必须满足思考和沉思的需求，鼓励各种层次之间的互动。我们要与这个学院一起共同达到这个目标。这并不是一个建筑师的个人追求。我们同时也要在一个现有的美丽校园里工作，那里有水有树，陶冶了一个人的情操。我们必须处理许多冰冷的毫无创见的建筑物，但它们有很大潜力，能够融入到一个新的大环境中。我们想把这里变成一个能给人带来启发和灵感的地方。我们想要把这个世界级学习中心进一步放大成一种新的商业和文化环境。我们想要以深思熟虑的方式对那种新环境产生影响。

一所校园，不管它是一个纪念性的议会大厦复合体，还是一个小围墙，它必须拥有自己的标志性品质。它必须能立即向我们传达出自己的价值观和重要性。这里应该有一种人类灵魂的胜利感。生活和工作在这里的人应该对他们的天职有超然的感觉。离开的人们一定要携带着永恒的回忆，以此帮助他们克服世俗，到达完美的顶峰。

(2006 年 6 月 14 日《印度教徒报》哈斯·卡布拉的访谈)

五

追忆往事
Remembrances

信件 27
大师奖受奖演说

Acceptance Speech for the Great Master´s Award

对于一个建筑师而言，获得大师奖是职业生涯中的一个分水岭。这是很少人可以想象的人生大事。首先，它是由年长建筑师授予的一种荣誉，这些建筑师既是口才良好的评论家，同时也是认真谨慎的令人仰慕者。第二，这份奖项是独一无二的。在过去二十年中，只有少数建筑师获得过此项殊荣，而那些获得这个奖项的人也真正成为了南亚的大师。其中包括劳丽·贝克、杰弗里·鲍娃、阿奇亚特·科维德、查尔斯·柯里亚、巴克里斯纳·多西和拉兹·里华尔。谁敢于进入这样一个具有创造性特征的名流群？我为产生这样一种想法而感到自卑。

所有这些人都是我们艺术领域的大师和我们这个时代的远见者。他们意识到，现代建筑并不仅仅是创建空洞奇怪的形式的行为，″现代建筑″是与技术工艺密切相关的社会艺术。他们意识到，它也是一种″道德艺术″，它的各个进程中肯定存在一个真理，肯定有获得超越性的真实表达。在许多方面，建筑是对特定背景和情境内建筑真理的追求。之前这些所有受奖者都与错误的观点和糟糕的建筑战斗过。

我拒绝的后现代主义是自我膨胀的狂热与自我满足的意识形态。我把我的个人发展历程看成是一种由大师们创立的伟大传统的延续。我有幸拥有像巴克里斯纳·多西、杰吉·索尔坦、何赛·路易斯·塞尔特、凯文·林奇和桢文彦这样伟大的老师，他们设计了一条严格挣扎和彰显自我的道路。他们设定了一个目标，我希望你们所有人都能够这样设定自己的议程。那是一个使我们的行为、我们的伙伴关系和我们的专业承诺充满价值的使命，是一个拥有推力的目标：

第一，现代建筑运动专注于城市化社会议题，特别是大众住房和创造一个公民社会的公共机构。从广义来讲，一个现代建筑师就是一个城市主义者。他的工作必须对相关的情境作出贡献，成为环境的一部分，并且使周边居民的生活变得越来越好。建筑物不能违背居民的生活需求，不能过于傲慢或者过于自我。

第二，建筑物必须忠实于科技、材料和工艺者。材料必须得到真实表达，科技必须适应于当前的情境。自从19世纪以来，现代建筑师就探索了各种新材料和科技，但是受到了局部条件的限制。另外，他们也了解并应用了旧有的科技。

最后，现代建筑师是与欺骗相抗争的改革者、发言人和革命者。如今，在印度，我们受到了从西方复制过来的糟糕建筑的连续打击。这种罪行在很大程度上归因于后现代主义的错误意识形态和之后的电脑化建筑，事实上，这些就是贪婪和自我膨胀的信条。它就是一种靠大声尖叫来吸引我们注意力的孩子。你们疯狂地追求更多的FSI，却并不注重公民空间和人类体验，也并没有为普罗大众带来舒适的生活。

作者为一座教堂所作的学生设计，1965年。

所以，我请求你把它拒之门外。我们所有的现代目标都应该把我们带向更加天然、更加适宜和更加"地方性"的风格。西方时尚的盲目模仿必须结束了。现代印度建筑必须是建立在气候、当地材料、当地传统和工艺基础之上的地域性建筑。

媒体和科学的出现使我们受到了特定纪律的约束。我们的知识越进步，我们对世界或者自身的了解就越模糊。我们已经陷入了米兰·昆德拉所说的"自我忘记"的状态。在真实的现代主义开始的时代，"学习的激情"变成了精神的本质。现代建筑的本质就是要寻找独一无二的建筑风格。一座无法表达某些未知细节的建筑是毫无意义的。揭示真理是建筑风格的唯一现实。给人类带来舒适的生活是我们的使命。探索的顺序组成了现代建筑的历史，只有在这样一种文化交叉的历史背景下，工作的价值才能得以完全的揭示和了解。

在我作为建筑师的生命历程里，我工作的 90% 都结束于我实现梦想的奋斗过程中。一些工作以模型和绘画的形式存在着。真正付诸建造的只是我所付出努力的一小部分。当人们对我的作品赞不绝口时，我感觉好极了；当他们给我鲜花和掌声并称呼我为"大师"时，我感到受宠若惊，却也发自内心地高兴。所有那些经过奋斗和努力而实现的梦想得以再生，并再次以新的意义和价值来到现实生活之中。

朋友们，感谢你们能够授予我如何崇高的荣誉。

(加尔各答年度建筑师奖颁奖典礼，2008 年 12 月 21 日)

什么让瑞吉大笑

What Made Raje Laugh

朋友们，我们失去了一位伟大的老师和一位伟大的建筑师，他的名字是阿南特·瑞吉。

对于我们之中所有了解他的工作的人来说，他是非常特别的一个人。对于那些从他那里学会如何思考、如何提问、如何做决定的学生来说，他具有更加特殊的意义。对于那些与他共享美好的好友时光的人来说，他就显得更加与众不同。

他在我们的前面设计了一条史诗般的道路，向我们展示了在这条道路上行走所感受到的诗意。在他面前，我们大多数人感到很渺小，他兑现了改善人类生存环境的承诺。

人们总是假装是上帝，其实只是一个人而已，这正是瑞吉一直开的玩笑。人类总是以艺术的名义贪婪地追求名利，这也是瑞吉的玩笑。人类总在追求伟大，抓住的却是"毫无意义的成功"，这也是瑞吉的玩笑！

这份友谊是非常美妙的，因为他总是让我们大笑。瑞吉通过故事来跟朋友交谈。这些都是与勒·柯布西耶、路易斯·康、伟大项目、艺术杰作和优秀人才相关的史诗般的故事。

瑞吉呼吁我们所有人要成为伟大的人，我们共同分享着"伟人理论"这样一个梦想。它是一个可能性理论，与人类生存环境相关。它也是一个对我们发起挑战的想法。

数十年以前，1970 年，我在哈佛大学教书，瑞吉在 6 月的一个晚上在费城给我打来电话，邀请我在第二天早上去找他。他想跟我一起去参观理查兹医疗中心，看 Furess Hall 并分享那座城市的其他建筑奇迹。

我们走了数英里，交谈了数小时。我们在晚上喝着红酒，希望带着美好的回忆和伟大建筑师的梦想进入梦乡。

在星期日早上我们在散步时，瑞吉告诉我他为我准备了一份特别的礼物！路易斯·康答应同我们在他的工作室共度周日下午的时光。

你看，对于瑞吉而言，分享他伟大的财富、分享他的知识、为我们照亮前程、向我们发起挑战都是他的个人使命。

对于瑞吉而言，路易斯·康代表着一个伟人的所有方面。瑞吉把康的标志性形象当成了一面智能的镜子，通过它，他和我们所有人都能看清楚自己。康把复杂的东西简单化，而我们往往会以设计的名义把简单的东西复杂化。康可以快速捕捉到复杂问题的根源，然后把它们的复杂性诠释成简单的形态和伟大的空间体系，而这些体系全都变成了标志性形象。

瑞吉的康变成了我的康。像穆罕默德对真主那样，瑞吉说到康的时候，必定会产生一种深奥感和一种永恒的真理感。通过这些真理的故事，瑞吉揭示出了我们所有的野心和弱点。通过渲染康这位完美的建筑师的史诗般形象，瑞吉让我们每个人都感觉到了自身的渺小和脆弱。

当我在四十年前的那个星期日下午坐在康的工作室里时，他把一张 A4 纸弄皱，递给我一支笔，让我对其进行素描。当我面对这种困状，慢慢地伸出手去拿笔时，他又把笔拿回去了，然后画了四条线，以最真实的简单性画出了这张纸的图像。康微笑着，然后我们所有人都大笑了。

我意识到瑞吉不断地跟我玩这种"真相的把戏"，让我的思维变得更敏锐。从他的胸怀和洞察力来说，瑞吉要超过康。

当瑞吉告诉我关于康、勒·柯布西耶或者毕加索的故事时，他通常会以一个事故结束，在这个事故中，一个知名的建筑师会误用建筑风格来追寻个人荣耀，而不是以建筑风格作为走向自我实现的精神之路。

然而，瑞吉也在这个"错误的步伐"中看到了美丽，因为人类的弱点也存在着

法语联盟中光的应用，1973 年。

诗意。我们每个人都有可能做出愚蠢的行为。人们追寻爱、名誉和财富，而这只会编织出一个抒情故事，这种史诗般的可能性超越了他的能力范围。从某种程度上讲，瑞吉了解人类的愚蠢性，了解人类的弱点，通过把傲慢的建筑师或愚人与他的偶像康进行比较，他利用幽默的手段表达了极大的错误和罪恶。人类可以接近史诗般的伟大，但总会在最后一刻受到内心欲望的磕绊，失去即时满足的永恒性。

这个"揭露"是瑞吉与最亲密的朋友互相分享的个人看法。瑞吉会分析问题的本质；在你之前展示出所有的片段；指出解决方案，并随后以幽默的方式举例说出错误的解决方案，向我们展示出为什么充满智慧的人们会犯那种错误。在瑞吉关于愚蠢和弱点的独特智慧中，我们可以看到生活中自己的状态。当他让我们大笑时，我们都是在笑我们自己！

瑞吉知道生活是短暂的，知道他总会离我们而去。他知道，在这个短暂的生命中，真理和对完美的苛求是他史诗般的追求。瑞吉也知道，他所交谈的所有学生、建筑师和朋友都有可能成为伟大的建筑师。他讲述故事，并不是要嘲笑某个人，而是要唤起人性中的深刻一面。是他对人类的爱驱使着他教书育人，讲述故事，是他对人类的爱使他开怀大笑。就我个人而言，我认为，瑞吉是永远的导师。瑞吉总是付出的多，获取的少，瑞吉总是热情地与人分享他所拥有的东西。

瑞吉从未提及的就是，他本身就是伟大的化身。他从来没有赞美过自己的某些想法或观点。他只是不断地解释它们，让我们每个人了解自己能够做什么。但是，瑞吉确实是史诗般道路上的一个真正的伟人。我们从他的微笑中、从他的素描中、从他对糟糕细节的气愤中、从他那完美的艺术作品和史诗般的设计中，都可以感受到这一点。是的，瑞吉是一个建筑大师。

瑞吉从未怀疑过他会到达乐土，或者他知道天堂的拱门是什么样子的。他只是想与那些他认为可以理解他那宏大愿景的人共享而已。这里永远是踏实，永远没有怀疑。瑞吉讲述他的故事时，总会提及建筑师阿米塔，那是与他的威望几乎持平的生活伙伴。他们之间的关系是一种合作伙伴关系，他们共享着同一种旅程。像瑞吉一样，她知道生活的幽默所在。她是他秘密的分享者。这使他变得更加强壮，更加忠实。在喝完一杯红酒之后，他不断地大笑。他笑那些无法理解真理含义的滑稽人物！他分享他的宏大愿景，给予我们启发，我们也因此有幸了解他，爱他。

瑞吉还在大笑。

信件 **29**

八十岁的多西

Doshi at Eighty

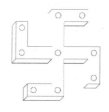 多西不仅代表着一个人，同时也代表着一种思想。我相信，那些非常特殊的人从一出生就会印记在我们的记忆里。即使在遇到他们之前，那也是来自我们记忆中的一种回忆！这个世上只有少数几个人能够做到这一点，我在 1968 年 10 月遇到多西时就是如此。

当一个人遇到多西时，即使是关于一点小事，他的眼睛里都会闪烁着光芒，暗示着某种必然性。似乎通过几个眼神的交流和擦肩而过的微笑，我们就会产生更大的关注。多西涉及的是人性的共同关注点，思考的是这个小问题可能暗示着更大的人类生存状态。

我们在处理某些小事情或者平凡的事情时并没有一定的远见和激情，但是我们在诠释宇宙的本质时却会如此。一个人对多西的了解越多，某种秩序和统一中就越会出现更多明显的矛盾。多西的本质就位于这些表面的矛盾中。这些矛盾都是什么呢？

多西既简单又复杂！他会以一种简单的方式向我们讲述故事，但他的天真无邪里面蕴含着一种伟大的智慧。他所描述的每个建筑和他所回答的每个问题都经常被通过一种生命之谜的类比进行分析，或者通过一段伟大史诗的文章对其进行解释。他的故事范围和把握之中都隐藏着广博的知识。

多西既是一个传统的印度人，也是一个世界人。他的生活只是简单地遵循着伟大的印度传统。看到他的家时，你可以感觉到那是一种乡村式的令人放松的环境。然而，那是他对于事物的极强理解力，这种理解力使各种问题都变得简单起来。他把事物现实回归到根本，使它们具有全球性和通用性。

多西是一位圣人，但他的想法就像是一个孩子。即使在八十岁高龄，他的脸上仍然展现着孩子般的纯真，他的语气如此，他的素描亦是如此。但是在孩子般的纯真背后，那种童心是一个圣人的永恒的智慧。真理永远以一种简单的方式得以呈现。

多西就像小鸟一样自由，但他能够保持自律。他总是表现得很放松、自由和无拘无束。他不束缚于任何意识形态或者任何主义。他看起来几乎是无忧无虑——像自由的飞鸟，或者像一个没有终点的旅行者，他只知道前进和探索的快乐。然而，矛盾在于：他努力工作，开办了纪律严明的学院，创建了只有努力工作才能成就的建筑，并且创建了各种人际关系，随着数十年的不断奉献，这种关系也日渐成熟。多西的思想是自由的，而他却是自我奉献的奴隶。

最后，多西精于细节，思绪无限。如果他要画一只小鸟，那么小鸟肯定是在飞翔，所有鸟都以一种形态飞翔，我们看着它，会感受到自己也飞了起来，我们因此体验到了飞翔的超然美妙，那是难以想象的！多西会处理微小的事情，但是这里蕴藏着所有事情的本质。

生命中最大的运气就是拥有好老师。这种运气确实降临到了所有认识多西的人身上。他让我们看到了自身的善良，我们对此感到非常舒服。他激发我们从更深的层次上了解自己的基本可能性以及我们能够成为什么样子的人。这就是我们所说的启迪。

我们想因此祝贺多西的 80 岁生日。

任何人的生命都是一种无法把握的体验。生活可以是稍纵即逝的、毫无意义的和微不足道的。如果有些事情可以留存或者得到发展，那将是多么神奇的事情！多西的生命就是一个史诗般的旅程：

多西设计的艾哈迈达巴德美术馆，1994 年。

他在普纳古城的童年；

他在孟买 J.J. 建筑学院的学生生涯；

在伦敦的短短时间有幸遇到他的导师；

在巴黎，与勒·柯布西耶在一起的时间；

在艾哈迈达巴德初期，冒着炎热的天气骑着自行车去监管勒·柯布西耶设计的建筑；

与卡姆本的婚姻；

创立自己的工作室 Vastu Shilpa；

在艾哈迈达巴德，创办建筑学院；

与路易斯·康一起共同致力于印度管理学院建设；

美好友谊；

把单一建筑学院转变成了环境规划与技术中心，然后又将其变为一所大学；

创造了伟大的建筑；获得各种奖金和奖励；

被充满爱的家庭和终身的友谊所环绕；

国际知名度；

获得满足。

　　多西的生活是一种心理的进程，这个进程只是得到了部分揭示，并且仍处于不断进展中。多西的身体里面住着两个人。一个是普通人、朋友、丈夫、父亲和建筑师。另一个多西则是超越了人们的回忆。有一个多西是想象力的化身，还有一个多西是梦想的表现，这就像是永远走在一起的两个人，住在同一个空间里，互相了解彼此，却像一个幻影一样影响着我们的精神。在一个层面上，多西是一个物体，像树、石头、山脉或者一个人；在另一个层面上，他是虚无的，像突然出现在白雪皑皑的山峰上的旭日，唤醒了我们的内在精神，使我们对自己的身份产生了疑问。当我们站在多西的身边时，我们会感觉到有两个人在那里——一个人关心日常生活；另一个人则超越物质，离我们渐渐远去。第二种性格是一种神话，其蕴含着能够照亮一个人形象、激发一个人的灵感、引发出一个人的渴望的永恒精神。

　　因此，在他的八十岁生日宴会上，我们必须仔细考虑一下多西的个人神话。我们必须要为此而庆祝。我们可以讲故事和回忆各种事件，无论这些故事是否真实，都不重要。唯一重要的是我们是否能够理解多西的故事和多西的真理。一个人的经验就在于他的神话；只有他的内在洞察力才具有某些意义。

　　每个生命都是自我实现的故事。多西的生命是独一无二的。处于无意识过程中的每件事物都在寻找一种外界表现，多西的个性也是期望从无意识状态中演化出来，获得完整的体验。我们不要用科学的语言和量词来追溯多西的成长、他的贡献和他的礼物，让我们庆祝我们所有人都拥有的神话，那是我们的一部分；它作为民间传说被传递着，并且为我们所有人的形象和可能性设定了界限。是多西的神话让我们设定了自己的参考值，使我们产生了梦想，让我们拥有了追求，这是我们永远也不可能忘记的。

　　为了追寻一个导师、真理、一个可信的神话，我在40多年前来到了印度。我如此幸运地在一个人身上找到了所有的东西：我的导师，我们的导师，巴克里斯纳·多西。

　　（2007年9月8日，借着巴克里斯纳·多西获得卓越贡献奖的机会祝贺他的80岁生日）

六

意 义
Meanings

信件 30

有序化方案

The Ordering Project

自然秩序

使各种事物有秩序，发现事物的泛型模式，利用模板使各种事物变得有秩序，是人类大脑所具备的独特能力，推动了我们最强大的情感冲动。它帮助我们理解复杂的现象和事件，并给予它们特定的含义。人类好奇心驱使着我们追寻事物的结构和它们内在的模式。

动物会对即时的刺激做出反应，并本能地表现出各种行为，以此来确保生存。它们的好奇心是通过眼前发生的事件刺激产生的，而人类则可以创建不可见的情节。人类拥有独一无二的提问能力，可以提问关于过去与未来的问题，应用"适当的标准"和评估生成新的模式。我们能够以某种方式做出回应，把各种复杂性带入我们自己期望的情节，比方说一个作战方案、城市的构建或者建造房屋。[1] 想象力和意象涉及到要巧妙地处理各种创造新模式和情境的秩序。在追寻平衡和和谐的过程中，希腊人从明确的几何角度分析了秩序以及它的宇宙、政治和社会现实。[2] 柏拉图半开玩笑地向年轻学生们建议："接受一种思想的所有分散粒子，这样每个人都会理解思考的内容，然后把这种思想的所有小粒子都分成'相似的部分'，按照自然规律把它们分离开来，不要像糟糕的屠夫那样把任何动物肢体都弄成碎块。"[3]

集体秩序

有序化并不是我们个人所能做到的事情。它是人类共同做的事情，人类潜意识里渴望去发现事物的内在结构，去标识它们，去控制它们之间的关系。社会体系围绕着管理公共资源、创造公共财产、为我们的生活创造新"故事"的共同进程出现了。社会演变成了各种机构，处理集体决策、公共政策、"社会契约"和团体行动。这些机构把各种基准转变成了标准、准则和法律，奖励那些遵循它们的人，惩罚那些违反它们的人。

回溯到后工业时代，社会行为的习惯和风俗都具备了功能化，在这里，我把某些事情称为"有序化方案"。所有知识体系都建立在某些秩序准则和标识系统上，命名所有的事情或观点，指定它们与其他事情之间的关系。时间概念就是首批有序化思想之一，它使生命循环概念化，把死亡想象成终点，或者只是一种过渡，从而产生了来世和投胎一说。日晷、时钟、季节、节日和日历利用时间来测量生命。

早期对时间和地球的大小与动力学的关注需要的是对"测量法"的理解，从而产生了增量式长度和高度、距离、规模、比例和协调的概念。测量可以把声音转换变成音乐，把随笔转变成诗歌，把涂鸦转变成油画。建筑物变成了建筑。所有这些被测量的系统都支持更加抽象的含义。

万物有灵论知识体系赋予了山峰、河流和湖泊以含义，并且把这些精神特质编进了民间传说，赋予了这些毫无生命力的事物以神性、情感、神奇的力量和灵光。

意义的秩序

随着这些万物有灵论模式的发展，它们通过象形文字这样的工具呈现出符号学意义，然后演变成了书写稿，或者通过口传的形式，格言警句因此得以流传，从老师到学生，世世代代地传递下去。伟大的西藏文明发明了复杂的记忆术，通过复杂的肖像形态，存储和解释各种复杂性，建立了一个高度演变的象征性知识系统。这些形象是各种思想的化身，而不是事件或人类理想化的事物。

庙宇被视为冥想的"身体支撑"，而舍利塔则被化分为"精神支撑"。到15世纪，就有许多关于测影仪的文章和手册，提供了图标度量线性特征，其中包括了图像部分和比例大小的定义。[4] 标准化图案，作为描述性祈求，明确了各种神明和历史人物。[5] 这种图案式有序化系统可以在同种文化群体中分享，根据每个人的知识水平的不同而得到理解。

吠陀的口传创建了另一种机械学习的有序化系统，它应用的是内置了经验或真理的格言。古典梵语的全部语法都被波尼尼编纂在《文法书》中，其中包括了数千个格言，被婆罗门的学者们世世代代传递着。[6] 这一神秘且由精英所口传的传统提供了另一种意义系统，需要独特的脑力运动。它假定了那些能够控制、阐述和传递一种神秘知识系统的专门学者和传教士，这就使普通人只能通过复杂的故事或者偶像的形式才能接触到它。

20 世纪，传统的社会风俗和行为模式很快变得机械化且单一化。大江健三朗的作品《个人的体验》中的反主流文化英雄 "鸟" 把生活看成是一个陷阱。他通过旅行来逃脱生活，去同性恋酒吧却没有找到适合的对象，并且不断想象着非洲的奇幻冒险。[7]

空间秩序

处于这些伟大的句法传统中，建筑和艺术都有各自的有序化口头体系，以图形语言来处理各种空间观点。各种模式、模型、主题概念和设计进程，为设计问题和解决方案中的秩序发展提供特定的结构。设计成为了寻求秩序的另外手段，把自己的绩效标准当成了评估适当性的标准。[8]

科学的秩序

欧洲经验主义知识系统是通过对照实验的方法以 "事实证明" 为中心的。一个良好的实验拥有一个需要测试的明确假设和一个可复制的测试方法。要达到一个 "经验主义真理"，相关的步骤会涉及到标识 "物质" 的成分，确定它们的尺寸和高度，测量它们的相互作用，把它们的因果关系定义为一种存在的证据。科学是以一种 "经验主义假设" 的有序化系统为基础的，这就决定了要通过测试来验证真理，而不是依赖于那些拥有特定意义系统的图像或记忆。科学是客观的，是可度量的，避免了主观意义。这些秩序最终会被转变成为可以模拟真实现象的数学公式。它们可以以数据的形式贮存，以声音、图像或模拟核爆炸的形式升级成虚拟现实。[9] 象征性的、口述的和经验主义的有序化体系可以被看成假定的基准，围绕着这些基准，进一步地有序化系统就可以从理论上得以运行。因此，这种"有序化方案"自从时间存在那天起就断言了人类的想象力。

秩序下的多样化

这里有许多知识和意义体系，同时这里也有许多宗族，我们每个人都起源于某些原始的意义系统，到现在为止，每个标志和象征都有一个演变的来源所在。在商业界，人们会让吉祥天女的肖像上方笼罩着某些香脂，以此求得好运，当一个人度过一天的特定阶段时，也会装饰 tikkas。城市主义和全球主义正使我们所有人成为文化混血儿，选择、媒体影响和工作文化的联姻的影响位于我们的宗族影响之上。混合文化描述的是金字塔顶端受教育最高和专业级家庭所具有的特征，而传统的同质社会则是由底部的普罗大众组成的。经济和社会体系在过去两个世纪中把我们区分化，每个小的范围都拥有着一种二元社会，它们之间通过有序化体系进行互动，帝国主义也以同样的方式在全球范围内对本土社会产生着影响。城市临时房的社会人际学类同于大城市区或者一个国家的社会人际学。

意味着终结的有序化

拥有如此多样化的概念机制和技能，几乎所有社会在一种有趣的"人类生存状态封闭"的情况下回归到了共同的关注点，它们经常通过过度仪式或者特定类型的有序化行业进行表达。出生、命名、青春期、婚姻和死亡是所有社会中预先设计的生命循环的所有部分。同时，这里也有一些有序的"标识物"以仪式和庆典的方式留存了下来。拿生日蛋糕、圣线或者割礼来说，标识物把时间和生命划分成了某些有意义的阶段序列。序列把一个人的生命假定成了一个说明性的故事，它是不可逃脱的，艺术的超然的幸福愉悦感只是唯一可能的逃脱方式。否则，生活就是一个陷阱！[10]

演变之后的社会利用它们的有序化系统去理性地思考"生命的意义"，并会提出这样一个问题："我们为什么会在这里？"所有社会都在思考死亡的意义和灵魂的本质。所有文字、象征符号、基准、标志和数量相应地呈现出含蓄和明确的两方面含义，发展成为了"各种故事"，在这些故事里，我们变成了不情愿的演员，扮演着提前设定好的角色。因此每件事物都有一个名字、物质实体和无形的"重要性"，加上文本互涉和意义的微妙之处，为生活添加了丰满度，也为艺术和建筑添加了本质性的东西。

作为无政府主义者的艺术家

在过去的这个世纪中，雕刻家和画家经常以荒诞的对比利用抽象拼贴画、组合和集合艺术来巧妙处理互文含义，甚至去挑战被认为是管理、法律、稳定的社会和秩序的必要基础的共同智慧。[11] 与 19 世纪浪漫主义者和印象主义者不同，现代主义画家用秩序揭露现实，就像马克思号召利用客观现实来统治流行的伪装式的艺术浪漫主义。[12] 乔治·布拉克在拼贴画方面的先锋实验激发了一次反文化艺术形式风波，与巴勃罗·毕加索一起，又进一步把这些概念开发为革命性新秩序。[13]

拼贴画和之后的集合艺术从本质上采用了事物的碎片，并把它们粘贴在其他材料或者图案上，以发现新的深奥的秩序。在这个过程中，各种记号聚集在文本模式中。小块的新闻报纸可以是文明政府的不人道行为的图片，披露他们的不人性化，并且含蓄地质疑了这个国家的伦理观。罗伯特·劳森伯格利用绘画、拼贴画、胶片、各种碎片的混合绘画法，把它们拉入了复杂的组合中，在生活的陷阱中为自己创造了空间，同时反映了当代生活。[14]

老鹰乐队歌曲《加州旅馆》曾经被指控传递着歌颂撒旦的下意识信息，它的内容是音乐中的一种反文化拼贴画形式。吉姆·莫里森通过他的抒情诗和舞台动作挑战社会秩序，因为暴露自己的生殖器而在迈阿密被逮捕，几周之后他就在巴黎因为过度吸食毒品而去世，享年 27 岁。他的反文化神话从他的歌曲和反社会行为中都可以预示出来，这种神话呈现为一种精神邪教，致使他在巴黎死亡。

回忆起 30 年代那些被催眠的纳粹集会群众，作为与秩序的对抗，数以千计的年轻人聚集在音乐厅里，狂热的信徒穿着叛逆的制服，忠贞地站在那里，双臂伸上天空，手指朝上，大家一起有规律地摆动着。我只要略微思考，就可以想象到德国褐衫党徒双手举向空中，高呼"希特勒万岁"！作为一个物种，我们热爱秩序，甚至是盲目的秩序。

城市形象

这种互文性是通过城市演变而出现的，每个历史时代都会保存许多以之前时代的艺术品为铺垫的艺术品，这就创造了一种意义系统的拼贴画。当不同的文化群体沿着巷弄和沟渠创建他们的形象，把不同的记号应用为不同社区的装饰物时，这个拼贴画就会变得更加复杂。所有这些含义都会随着时间的迁移渗透到背景现实的表层，像文化废弃物升到湖泊的表面一样，在某个特殊时刻就会得以体现。[15]城市不同的政策、模式和个人虚荣的细微差别会融合成一种当代城市风格。凯文·林奇设想了一种新模式语言来理解这种复杂性，他定义了相关的秩序记号，与早期建立在建筑远景、大马路、大花园和宫殿复合体之上的城市秩序观点完全相反。[16]

到了 20 世纪中期，一个拥有特权的西方秩序系统使其他知识系统和流行的本土文化相形见绌，制造了一种逆转这些主导性价值观和文化机构的冲动。这个有序化方案正在受到质疑。[17a/b]人们开始强烈抗议各种理论和提案，意识到了有序化系统的多样性和少数文化的压迫。这些新的开始在法国前卫的哲学和文学批评中找到了它们的根源，这些批评反映的都是对现代战后机构的不满。甚至枯燥的新城镇坐标平面也象征着这种停滞和压抑性的公共机制，它们都是利用枯燥的公式去解决所有问题。

在城市主义和建筑风格中，资源的暗示通常是过于假定化，以至于存在于文学分析和哲学中的高度理论化的马赛克分析使其显得黯然失色。正如巴特那样，在油画和诗歌中，一个人可以证明一件艺术作品的意义蕴含于观察者的思想中，而不是在于作品本身。[18]60 年代末期和 70 年代早期，后现代主义视每件事情为拥有特权和层级组织的潜在的"文本"，其中包括了现代主义的形式主义。这些精英"文本"排除了世界上被压抑的和边缘化社区的艺术品。

没落的正式作品将会受到攻击和颠覆。德里达和福柯假定了所有思维和秩序都建立在口头和书面语言的基础上，遗漏了我们的非语言秩序和设计。他们在每件事物身上都能看到标识和记号，把每个姿态都解释成一种操纵和控制行为。投机取巧的学术家看到了一条获得声望的捷径，他们把后现代主义者标签应用到建筑风格中，位于普纳的 Suzlon One Earth，2009 年。

就好像他们的脑力劳动是某种品牌化体验练习。作为另外一种有序化系统，或者甚至作为一种会影响建筑方向的解构式分析架构，或者一个人通过整理物质性的东西来处理空间的方式，这种不可靠的理论杂技似乎是令人怀疑的。但是这是一个成功的高压攻势，走上了建筑的中心舞台，并且把它变成了一个神秘的学术争论。与创造的过程和原因相比，理论变得更加中心化，整个现代主义议程被引进了一个由后现代主义特技和娱乐组成的啦啦队俱乐部中。"谈论建筑"取代"建造建筑"。艺术历史学家和批评家致力于使一代人为拥有技巧和特技的魔术师而喝彩。

克里斯托夫·巴特勒在后现代主义分析中发现一个自我矛盾的反语："后现代主义中的每件事物，从家具到衣服，再到建筑物，都必须被看成是一种'语言'的一部分，这种社会结构可以被调查，然后被发现它易受某些分裂或逆转的影响，远离了它在一个资产阶级社会所获得的可疑的层级秩序。另外，如果每件事物都是一种语言的一部分，如果语言只是广为传播，如果像医学、法律、刑罚学等这样的艺术类别真正超越个人，那么原作者、创造力、独创性的概念也会受到怀疑，并且无法享受特权。"[19]

正式艺术和建筑，像管理和操纵的正式体系，会发现这一切有些凌乱。本土建筑或者"离开建筑师的建筑"从有限的材料和结构可能性获得了一种诱人的秩序性，但是它呈现出了拼贴画的气氛，因为它利用气候、轮廓、不寻常的地块形状与本土功能的因素。[20]罗伯特·文丘里把这赞美为"意义的丰富，而不是意义的清晰"。文丘里宣称："建筑涉及到许多层次的意义和焦点集合，它的焦点会得到不同方式的解读。"[21]他规划了更加明确和周密的设计，而不是一个关于文明命运的哗众取宠的理论。

发现的秩序和控制的秩序

在文明的追求中，一个重要因素成为了从大自然的嘈杂中创造秩序的渴求。早期的科学家关注的是地球的形态、水和火的性质和宇宙的现实。苏格拉底因为自己的质疑付出了自己的生命，伽利略在提出地球围绕太阳转的说法后就再也无法保持头脑的清醒。

有序化方案可以被看成是一个巨大的科学工作，受到一个统治帝国的支持，以此来巩固控制者的优势地位，就好像曼哈顿计划在一个特定时间制造了一个核爆炸。这种提议可能与费里尼的 $8\frac{1}{2}$ 中的天才一样属于超现实主义，与所有虚构他那史诗般工程的事物作抗争。[22]

有序化方案从一种"发现"发展到了一种组织和控制，预示着 18 世纪晚期和 19 世纪早期出现的新帝国主义的几何增长。[23a/b] 此时，受贸易驱使和枪支与船帆支撑的欧洲海洋帝国的旧帝国主义对更广阔的土地帝国的追求使其失去了光彩。[24] 科学和科技被证明在随之发生的冲突和胜利中起着决定性作用。这个新时代受到了工业革命和暴力行为蔓延的驱使，其中这些暴力行为是以工业为基础的，因为工业创造了一种统治巨大土地帝国的必然性。[25]

社会科学

人类学、社会学和其他社会学科的萌芽把它们的开始看成是一个对欧洲殖民地官员的支撑系统，这些官员需要知道那些被征服的人的秩序和结构。统治了水和鱼，接下来只剩下与欧洲竞争者的冲突，这要比控制不同类型的人、古文化和复杂的文明简单得多。与控制含义以及把它们转化成自己的优势相比，控制事物是完全另一回事。

18 世纪，卡尔·林奈乌斯把所有生物都归类到各种类别中，并在分类学中引入了双名法概念。19 世纪，秩序追求变得极度活跃和强烈，无数发明驱动着工业革命，这就需要利用原材料来满足不断扩张的工业需求。这两者都生成了必须融入的新知识。具有总结性的语言混乱地蜂拥而来，格式化知识则被要求去促进事物按照规定的方向发展。了解并使所有事情有序成为了一种强制性的事情，这就促使了有序化工具的出现，比如百科全书、字典、杜威十进分类法和元素周期表，试图由此把所有知识都总结到同一个篇章。

19 世纪初期，机械乐器（比如街头风琴、露天风琴等）以卷状纸的的形式或者以折叠卡的形式贮存乐谱。用拉风琴或者羽管键琴的话，这些乐器会演奏出预先录好的音乐，这种音乐就好像来自于某个人的记忆。马拉塔军队根据闪光灯发明了一种编码，这些闪光灯从印度西海岸的 600 个要塞的镜子中不断反射，从而在几分钟之内就通知了萨达拉或者普纳的统治者果阿内外的葡萄牙海军的运动。电报把语言数据化成莫尔斯电报电码，利用"乐器"去转换数据，然后在遥远的地方就可以破解它。人造智能如今可以以各种新颖且令人惊奇的方式利用序列。

"大学"的概念对于有序化方案是非常重要的，因为这些机构会选择各种不同的序列，并调查它们的模式。大学会发现新信息、思想、观点和设计系统，贮存编目的"序列成分"，并教导呈几何数增长的技术群体理解并应用有序化系统。

不管是过去还是现在，大学校园都是以殖民营地的模式布局的，种族、性别、阶级、地位（或者其他有序化因素）生成了循环模式、土地使用规划、生活与工作空间的大小、活动方面的限制。大学把知识进行了细分，并把它具体化到了"老师"身上，每个人都负责特定的研究单元和"实验室"。

发现控制的序列

新帝国主义受到了经验主义秩序发现的支持，这些秩序分别存在于医学、军火、海洋技术、材料科学、新型及更加有效的工业进程、蒸汽动力、大众教育学、工程学和其他领域中！[26] 步枪和疟疾预防法的应用对于那些战胜马拉塔联盟的小型帝国军来说足够创新，为国外统治者提供了整个次大陆的虚拟控制。开采广袤的土地和控制巨大的人口证明比在驻防要塞城市做贸易要复杂得多。这都是建立在希腊风格和罗马要塞城市模型之上的，并在葡萄牙人、荷兰人、西班牙人和英国人的帮助下变得日益完善。

全球化的范本

19世纪大英帝国创造了许多模型或者有序化范本，它们至今仍以制服、语言、教育、运动、交流网络、医学系统、商业种植制度、土地收入层级、贸易、金融、知识和意义系统的处理的形式存在。[27]

建筑：意义所表达出来的秩序

像异性构建一样，创造社会秩序把现有的城市中层阶级家庭放入一种由法律、政治、媒体、娱乐、医学、教育和宗教支持的新型捆绑式生活方式中。[28] 不正常行为被称为"异常疾病"和犯罪行为。[29] 异性构建规定了男人与女人之间一夫一妻制的"基督徒婚姻"，把其作为仅有的合法的感情关系，所有关系的目标就是要为帝国繁衍更多的忠实主题，把妇女放到了一种"被家养"的位置。男人是行动者，女人则最好是美丽的。历史是属于"他的"故事，而不是她的。这种维多利亚时代的有序化系统在一个垂直的层级序列中创造了一种平行序列。[30]

在俘获新的附庸国之后，印度的兵营成为新有序化系统的最好例证，直到今天，它才以"花园城市"、电车郊区、大学校园、宿舍社区、门禁社区、卫星城市和新城市主义的形式被显示出来。为了创造被遗忘一代所设想的美好世界，印度传统的社区和以种姓为基础的 wadis 不断被普遍存在的缺乏意义和个人象征的"住宅方案"所代替。[31a/b]

这种规划和其他设计并不是突发奇想，而是经过了精心计划的安排。分区、划分和细分同时整理和管理了社会与物理空间。即使统治者也陷入一种限制条件的层级分割体系；一个微观世界映照出了他们梦想创造的更大世界。帝王统治，不管是公司还是政府，都会把城市居民——生活方式与文化——视为很重要的部分。对规划者来说，重要的是城市的无生命力方面：土地使用区域、车辆流通网络和基础设施网络。组织和控制已经变成了新模板最重要的目标，把兵营逐渐转变成花园城市，变成大学校园。印度城市规划，像同质着装要求一样，把人们放在了他们所属的位置上。这个规划是一个排外单元的体系，在这些单元之间只有少数人能够自由走动。有序化方案从一个总结性行为转变成了一个格式化行为，从一个描述性行为转变成了控制性行为。

一致性与多样性

这种战略就是要利用机构文化替代本土文化，从城市规划转变到建筑风格。一致性代替了给人们带来文化意蕴和身份多样化的多元形式。[32]

建筑学院所教授的格式化建筑依赖于各种秩序和格式化模式。作为符号，这些类型变成了政治序列或者统治系统的类比物。它们是社会建构的隐喻，以控制大量的无政府主义的人。发现并应用这些序列是关于帝国建筑和文明创造的一切。

贝尔纳·鲁多夫斯基提出，如西方世界所传递的那样，建筑历史从未关注于很多精英文化，以此强调，这种历史只涵盖了一小段时间和极小的地理区域。除了建筑之外，他还说到："正如我们所知道的那样，历史在社会层面上也是有所偏颇。它涉及到的仅仅是那些因权力和财富、建筑物精品、特权、真伪教堂、富商与皇族而记在人们心里的人，却从来不会提到那些不知名的人。"[33]

本土序列中的决定性因素出现于不同的社会成分之中，在社会中表现为一种拼贴画形式；在体制化文化中，一致性由外向内都是被强加上的。本土服装和建筑形态属于不同的表达，而机构一致性则属于强加性的。这种铰接式分层如今与我们密切相关。它改变了我们的思想方式、我们处理人际关系的方式，同时也改变了我们的自身形象。

校园作为有序化模板

空间配置和限制的概念渗透到了全球企业思想，我们正是以这种思维方式来组织人们在空间中的位置。现代大学、工厂和信息技术校园都是各种宿营地模型，在那里，军事地区创造了一种由职位、性别、种族和阶级确定的独特的社会空间。这是在城市规划中全球化的一种前导，门禁社区和商场代替了充满活力的日常使用的公共领域。社会空间的缺失是社区和原住民身份缺失的隐喻。

拼贴画即一种逃避

最终，我们所有人都是这个帝国的仆人，这个帝国如今成为了相关企业和政府的综合性全球网络。我们成为了有序化方案的一部分，我们强化了那些使生活变成陷阱的组合式建造。

艺术家和建筑师统一的黑色制服，隐藏了他们毫无新观点的事实。帝国为他们的工作买单，并付给他们费用；同样，他们也会贿赂政府屈服于国家政策。帝国会购买各种设计，建造并出版发行，如果他们喜欢的话，还会给予某些奖赏。我们所有人——建筑师、诗人、艺术家、医生、会计师和女销售员——在这项大方案中都扮演着某种角色。如果我们不喜欢它，我们通过读一篇小说或开始一次富有想象力的冒险之旅[34]，或者创造一幅拼贴画！但是在这个过程中，我们只是采用了另一种预先决定好的逃避方式。生活就是一个陷阱！

但是对于真正的艺术家而言，这里有超然的秘密，那就是灵感的瞬间，在那一刻，任何日常琐事都阻碍不了深刻的生活。在那短暂的时刻，人们的永恒真理也就爆发出来了。只有真正的艺术家才能处于一种无拘无束的状态中，逃离各种束缚。

注：“帝国”这个词语用在这里是对格式化的、由上而下自我组织的世界的一种一般性参照，而不是特指印度，尽管它是一个鲜明的例子。

引文出处：

1．Bronowski, Jacob (1978)：*The Visionary Eye: Essays in the Arts, Literature, and Science*, MIT Press, Cambridge, Massachusetts.

2．Sekler, Eduard F., et. al. (1965)：*Proportion, a Measure of Order*, Carpenter Center for the Visual Arts, Harvard University.

3．Waterfield, Robin [tr] (2002)：*Plato: Phaedrus*, Oxford University Press (Oxford World's Classics), Oxford.

4．Jackson, David and Janice (1984)：*Tibetan Thangka Painting: Methods and Materials*, Snow Lion Publications, Ithaca, New York.

5．Chakraverty, Anjan (1998)：*Sacred Buddhist Painting*, Roli Books, New Delhi.

6．"Sanskrit Literature", *The Imperial Gazetteer of India*, Vol. 2, p 263.

7．O , Kenzaburo (1969)：*A Personal Matter*, Grove Weidenfeld, New York.

8．Gropius, Walter (1956)：*The Scope of Total Architecture*, Harper, New York.

9．Thompson, D'Arcy Wentworth (1959)：*On Growth and Form* [2 Vols.], Cambridge University Press, Cambridge, UK.

10．Kundera, Milan (1984)：*The Unbearable Lightness of Being*, Faber and Faber, UK.

11．Elderfield, John, Peter Reed, Mary Chan [Eds.] (2002)：*Modern Starts: People, Places, Things*, Museum of Modern Art, New York.

12．Marx, Karl (1867)：*Das Kapital*, Gateway Edition (1996), Regnery Publishing, Washington DC.

13．Anderson, Donald M. (1961)：*Elements of Design*; Holt, Rinehart and Winston, New York.

14．Kotz, Mary Lynn (2004)：*Rauschenberg: Art and Life*, Harry N. Abrams, Inc., New York.

15．Benninger, Christopher (2010)：*Gleaning Pune's Future from Pune's Past*, 13th June, Sunday Pune Mirror, Bennett Coleman Group, Pune.

16．Lynch, Kevin (1960)：*Image of the City*, Harvard—MIT Joint Center for Urban Studies, MIT Press, Boston, Massachusetts.

17. a. Foucault, Michel (1970): *The Order of Things*, Pantheon Books, New York.

b. Sa d, Edward (1979): *Orientalism*, Vintage Books, New York.

18. Barthes, Roland (1975): *The Pleasure of the Text*, Hill and Wang, New York.

19. Butler, Christopher (2002): *Postmodernism: A Very Short Introduction*, Oxford University Press, Oxford.

20. Rudofsky, Bernard (1964): *Architecture without Architects*, University of New Mexico Press, Albuquerque.

21. Venturi, Robert (1966): *Complexity and Contradiction in Architecture*, Museum of Modern Art, New York.

22. Reid—Paris, James (1993): *Otto e Mezzo* [81/2] in James Reid—Paris (Ed.), Classic Foreign Films From 1960 to Today, Carol Pub. Group, New Jersy.

23. a. Headrick, Daniel R. (2009): *Power Over Peoples: Technology, Environments and Western Imperialism*, 1400 To The Present, Princeton University Press.

b. Morrison, Elting E. (1966): *Men, Machines and Modern Times*, MIT Press, Cambridge.

24. Cipolla, Carlo M. (1982): *Guns Sails and Empires: Technological Innovation and the Early Phases of European Expansion 1400—1700*, Thomas Y. Crowell Publishers, New York.

25. Benninger, Christopher (2010): 'Poona Papers': *The Margaret Mead Lecture*, World Society of Ekistics, Athens.

26. Freire, Paulo (1968): *Pedagogy of the Oppressed*, Penguin Books, London.

27. Benninger, Christopher (2010): *A Tale of Two Cities*, 22nd August, Sunday Pune Mirror, Bennett Coleman Group, Pune.

28. Pagila, Camille (1990): *Sexual Personae*, Penguin Books, London.

29. Benninger, Christopher (2007): *The Science of the Absurd*, in Biblio, May—June, Vol. XII Nos. 5&6.

30. Metcalf, Thomas (2004): *Ideologies of the Raj*, Cambridge University Press India, New Delhi.

31. a. Sarukkai, Priya (2009): *Generation* 14, Penguin India, New Delhi.

b. Benninger, Christopher (2002): *Imagineering and Creation of Space*, Graz Biennale.

32. Kundera, Milan (1986): *The Art of the Novel*, Perennial (Harper Collins), New York.

33. Rudofsky, Bernard (1964): *Architecture without Architects*, University of New Mexico Press, Albuquerque.

34. Benninger, Christopher (1995): *Hope in the Midst of Despair*, in Biblio, May—June, Vol. I, Nos. 5&6.

信件 31

好奇心的重要性

The Importance of Curiosity

我对生活的热爱并非来自于建筑，而是冒险与探究，我仅仅是把建筑当成探索人类条件的一种工具，一种学习文化、历史、社会以及文明程度的方法。

我认为一个人不论在研究中还是在住所内都可以是一个探索者。探索就是在未知的环境中摸索，寻找那些新鲜的、与众不同的或者正合适的事物。一排蚂蚁爬过墙壁就可以引起我们的思索和好奇。它们从哪里来又要去往何处？它们如何在工作和行进中保持一致呢？它们要搬运什么？又是谁告诉它们要这么做的呢？也许没有人吧。可能我更像是一只爬过许多墙壁的蚂蚁，愚蠢地进行着文明社会的工作，自以为这是非常重要的，然而可能并非如此？如同对于蚂蚁一样，对于人类，我同样被好奇心所驱使，去探究他们的习俗以及他们所处的环境。建筑设计需要综合分析那些能够使住所有各种选择方案以及可能鼓舞人民的事物。作家和记者的工作与我们建筑师非常相似，他们也要着眼于生活，分析人类的生活条件，然后记录下来。也许好奇的人们会想，我们是否只是利用独特性或者新鲜性来取悦他们。如果生活是如此的平凡，那么我们的存在也就失去了意义。当我们做一件事或"制作一件东西"时，我们应该去询问许多能够调和我们思想、观点以及设计的问题。工厂工人、银行职员或者会计人员只需要坐在工作岗位上不断重复他们的例行职能，而我们却被期望设计一个转变的文化，还要调和文明的结构和性质。我们细微的姿态为人类保留了巨大的含义。

当我要呈现一种新设计时，驱使我的正是挑战感、好奇心和探索欲。那些惠顾我的工作室的人就是我真正的工作。他们带给我工作的激情。他们的设计主旨、他们的选址和行为模式都在他们的功能化空间需求中表达出来，它们之间的关系变成了一种模式，这种模式可以使复杂的物质性和建筑系统系统化。同时，它还会提出那些纲要、建筑规划和预算中没有明确陈述的隐性功能和目的。办公室或者工厂的良好的功能性解决方案变成了模板，通过这个模板，非编程式的结果也会被意识到。这些都是建筑中看不到的真理。它们是人性的不能用语言表达的必需品；也可以称之为我们的模板所促进和增强的欢乐、社区或者社会模式。我们也可以称之为一种地方感、归属感或者身份感，但这些也是建筑所有的度量方法。没有人会告诉一个建筑师这些隐含的尺寸和秘密属性。一个建筑师必须受到好奇心的驱使才能观察到这些蚂蚁，并想象它们为何会做出这些行为。一个建筑师必须重视材料需求，创造非物质体验。

一个为许多使用者创造空间的具有好奇心的人必能设想出终端用户的需求。因此，设计师必须要成为清洁大楼的人，也要成为在看到老板时隐藏自己的痛苦而展现笑容的秘书。他必须要成为那位被要求坐在那里一直等待的拜访者，并且还要思考那位拜访者在等待期间会想什么。他必须成为在这座大楼里工作的年轻人，他要思考他们是否会感受到四季的变换，是否会感受到时空的运转。他们知道外面在下雨吗？那会让他们产生一种兴奋感吗？从低矮的天花板到一个巨大的大厅，然后走向了一个景观花园，一只警觉的翠鸟等待着对猎物发起突然进攻，这个无生命力的结构会随着人们的走动而变得生动起来吗？所有这些体验情感都会发生吗？这位设计师会在心里与它们交谈吗，会与它们一起行走在这些空间之中吗？我的年轻朋友们，这就是一个建筑师的本质，是需要一定的好奇心与想象力的。

我害怕网络一代会被他们自己的好奇心、发现和惊奇所害。年轻人不去探寻事物以及它们之间的联系，而是被图像、情感、思想和事实所淹没。正如每个年轻人所知道的那样，他的好奇心所留下的就是他的食指的点击所带来的即时快感，像魔术一样，至少是在他的头脑中，他可以品尝到最大的禁果。无聊的时间并不能刺激他去思考，去追寻。他出生在一个虚拟世界中。像餐馆中的主厨一样，他不再渴望品尝食物；只会创造一大批新菜单和异国情调的菜肴，并把它们推荐给客户。图画

位于普纳的萨穆德拉海事研究所，2005 年。

和草图软件使我们这些有潜质的年轻人迷失了自我，失去了素描的技能；在素描纸上即时表达出一种设计观点的能力已经消失了。建筑师不再是设计师，如今成为了聪明的机器操纵者，除非他们悬崖勒马，开始利用自己的手来思考。真正的问题是，草图并不是建筑，房屋亦不是建筑。建筑是魔幻的空间气氛和包含在物质外壳内部的经验主义；它并不仅仅是一个外壳。

在联合世界学院，Mahindras 想要创造一种新的学习文化，来自不同社会的人们追寻共同的价值观，他们为了共同的愿景通过不同的职业奉献自己。表面看来，他们想要的是某些能够用来教授课程的建筑物。

尽管他们无法清楚地表达其他的尺寸，但他们是明智的顾客，他们超越物质性，想象到不可用语言表达的、不可见的超然体验。这种对于一个校园的性质、一个规划社区和一个小社会的共同好奇心会生成一种充满活力的对话和一种冒险。

在不丹和国会大厦的新投资中，皇室政府为佛教和不丹传统中的民主主义寻找了一个安身之处。这个国家拥有着喜玛拉雅文化的传统。许多邻国被更强大的国家占领了，并且创造了老化的文化———一个静态的娱乐公园；成为了一个没有灵魂的物质外壳。全球化的祸根就是，它倾向于把富有活力的本土体验同质化成了预先设定好的娱乐公园体验，像美国的新城市主义城市景观，回顾过去，它还只是存在于好莱坞布景中的浪漫主义小城镇。在不丹的谷地中，文化是生动的，拥有着独特的风格和本土特色。随着新技术、信息和功能的渗透，本土特色总会变化、改变和发展。随着民主主义和相关新机构的出现，最重要的就是要保护不丹文化的本质，通过当代建筑来表达它。这种挑战在建筑师的大纲中并没有明确的表达，但这种相关关联的问题群肯定存在于这个国家首任选举首相的脑海中。同时，它也驱动着我的思维。但是这都没有被记录下来或者在预算、工程量表或者规格中表达出来。这份工作最重要的方面在于好奇心、思索和神奇的领域。我们的大部分工作就是利用美好的传统木刻、巨大的白石墙、悬伸的屋顶来保护墙面免受雨水的冲刷，传统的图解蕴含着含义。我们使用的是一种明确的不丹建筑语言，它是从一个特殊的历史、气候、经济和社会中衍生出来。我们在设计时必须使用这种语言。

在西方主流的"前沿"建筑中，这些关注点不再是建筑对话的中心。建筑师开始讨论各种主义——现代主义和后现代主义。辩论不能隐瞒这个现实——大多数建筑师出于自我保护，对名誉趋之若鹜，开始制造各种壮观的特技，像马戏团中吞火的荡秋千演员或者像迪士尼乐园里的动感电影。总而言之，过去 20 年中所有知名建筑除了是一个巨大的娱乐公园，或者是一个耗尽所有特技的废物堆积场之外，别无其他。关于本土特色的话题、关于经验主义的话题或者关于简单的欢宴的议题与那些关注知名度、曝光度、关注度的人毫无关系了。知名度高是好事，但是我们不能用自己创造的垃圾场泯灭了我们的人性。

我必须坦白，从一种庸俗的水平上来看，我也喜欢一点色情文学和引人入胜的扭曲构造，也会做一些不可能或者负担不起的事情。我同样也能从粗俗的电影明星、腐败的政治官员和宠坏的王子的炫富过程中得到几分乐趣。但是，我内心的某些东西让我把持住自己，我会自问："我在做什么？"身体深处的声音告诉我回过头去，仔细思考。过去数十年的建筑已经失去了那种内在的声音，所有批评家和艺术历史学家都变成了品味制造者的谄媚者。即使大学和博物馆也都成为了全球娱乐公园的傀儡。

人类精神的粗俗方面，我们把它称之为"兴奋"的需求，会引发一种代替真正好奇心的激动之情。聚集在车祸现场的人是想看到喷洒的鲜血，而不是因为好奇如何才能阻止这种事故，也不是因为关心受难者的命运。最高的塔、最诉诸美感的和吸引人的曲面形态、最无畏的结构所具备的刺激感都是来自于我们内心令人毛骨悚然的回应，而不是来自于一个平和的大脑中的文雅思想。

建筑并不是一种结构壮举、一种娱乐或者一种惊人的个人宣言。那是对各种期望值所做出的考虑周到的回应，至少它会提高人类的精神层次。要想发现这个真理，你必须能够分析并理解各种复杂的情形。象征着我们城市景观的被随意选择的解决方案和吸引眼球的特技是一种建筑败作。

我所暗示的是前面我所描述的建筑必须具备的一些探索和发现。它可能是在画板上解决一种特殊问题的强烈好奇心，它也可能是在看书时偶然发现所带来的兴奋感。强烈的好奇心可能在旅行、写作、阅读、结识他人和探寻其他人的想法时出现。相遇可能是偶然的邂逅。精神相伴的关系会出现、发展，然后消逝。但是，彼此的发现才是一切。在建筑中，每个项目都会存在发现的时刻，你可以界定这份艺术工作的本质，体验超然性，达到顿悟。

我的个人兴趣和嗜好都以这个中心思想和激情为中心。建筑只是我的正式工作，只是这种探求的一种形式。因此，我的个人生活涉及的一些激发兴趣的主动权，我需要了解我所不知道的和不了解的东西。我想进入未知领域，仔细分析它，分解它，然后把它再重新拼回原有的样子。这些领域可以是一个新朋友、一片广袤无垠的沙漠或者是一本小说。可以确定的是，每个新的设计问题都是一种热情的探求形式，它是受好奇心所驱使的。

我发现人是我最大的娱乐。每个人都会呈现出一种新的难题：激励他们保持激情或者积极性的价值观是什么？是什么让他们对自己的生存背景做出反应，或者有前瞻性地去改变它？他们的个人愿景和目标是什么？他们要如何达到这些目标？是什么给予他们鼓舞？是什么让他们大笑？是什么让他们哭？他们为什么害怕成为自己？我喜欢艰苦工作，专注于那些知道自己的目标并为此不断提升技能与技术的人。我喜欢那些知道自己是谁、知道自己的生活和工作环境的人。我喜欢情绪表达在脸上的真诚的人。友谊成了一种价值观、思想模式和行为结构的彼此探求。友谊是情感的碰撞，但最重要的是，它是精神伙伴关系，质问人类生存的本质，真诚地提出答案。从真诚表达的基础上来看，一个人可以分享观点，并研究一个观点与另一个观点之间的关系。一个人可以看到观点之间的这种关系，就像精神伴侣所分享的与人类生存状况和社会相关的观点。友谊是我的主要爱好，我的朋友来自生活中的各行各业：伟大产业的拥有者、司机、社交者、厨师、教授、服务员、艺术家和发明家。他们赚多少钱、他们来自哪里、他们的身价多少只是装饰他们对意义追求的有趣现实。如果收入和社会地位构成了一个人的全部，那它们就是非常无聊的属性。这种追求就是友谊之火点燃的地方，也是我们所分享的东西。在印度之家里，那种追求只有一个，它处于喧嚣当中，处于烦人的眩光中，处于证实某件美好事物的微笑中。我们努力工作，真诚地付出自己的努力。其他任何事情都是无所谓的。

我对人类的兴趣使我热衷于阅读他们，因为好的著作是在人类生存条件中对人性和恒心的研究。我喜欢的作品如加布里尔·加西亚·马尔克斯的《迷宫中的将军》、《霍乱时期的爱情》以及《苦妓追忆录》；或者米兰·昆德拉的《不能承受的生命之轻》；又或者大江健三郎的叙述作品《个人的体验》和《摘嫩菜打孩子》等。这些意义深远的作品可以将一个人带入新的世界、新的情境、感情和细微差别中。通过各种人物角色对待各自的世界，我们找到了自我。我们的好奇心使我们逐渐形成了自己的世界观。

我同样喜欢经济学和行为科学的研究，因为它们不仅涉及到人类共同的愿望和行为；还谈及更多的人是如何组织在一起，以及他们为共同利益甚至自我毁灭所进行的行为。著作和行为科学经常针对人们普遍遗忘的人类的巨大缺陷，以及我们为了忽略和抑制它们而投入到群体中的可怕的定型行为。如果我拿起一本《经济学家》，我首先会翻到背面来阅读它们的讣告页。我学习那种奇特的生活、时代、奋斗、成就和失败。我经常会在读完一篇文章后思索〝我希望我已经了解了那个人〞。

分析人的心理会刺激一个人去诉诸笔端。我渴望成为一个作家，在时间允许的情况下，这将会成为我的另一个爱好。我的短篇小说《Akhada》被提名费米娜文学奖，这一点让我兴奋至极。《Akhada》是关于一个尼泊尔妇女的故事，她误入了一个全部由男人组成的传统体操的世界中，这个世界隐藏在一个茂密的森林中。那是无耻的男性的脆弱角色与受保护的女人的骄傲之间的一次邂逅。它探寻了社会的各种界限和限制，这是我所不喜欢的事情。我在过去 10 年中写了一篇小说，当然只是享受其中的乐趣，并没有出版。这的名字是《Samsara》，它讲述的是一个妇女的灵魂的演变以及自我实现，与传统父权社会中的不平等产生了巨大的反差。

对我而言，写作给予了我探寻社会中心控制主流和它不明确的创造边缘之间关系的机会。它允许我分析奇怪和不寻常的事物，也许还能发现未知的东西。艺术位于无拘无束的外围。大城市中心的核心显得混沌不堪，越靠近以欧洲为中心的领域，这种现象越明显。

文学期刊《Biblio》让我有机会发表自己的许多观点，其中包括了对大江健三郎获得诺贝尔文学奖作品的评论，以及对印度悠久的同性恋历史和女同性恋文学的分析，名为《Queer Words》。维克拉姆·塞斯、布篷·卡可卡、瑞吉·瑞奥和其他人都对这种印度传统贡献了自己的力量，他们允许与众不同的东西出现，不像尖锐的西方，把同志生活视为一种陈腐的通俗文化。所有事情又再次变成了迪士尼世界、一种娱乐、一种陈腔滥调和一个陷阱。通过探索这个边缘，你可以重新发现中心的潜能。印度为人民提供了多种个人认同和生活方式。我们的印度文化并不是单一的，米兰·昆德拉把它称为"多元形式"。我们的穿着和建筑物是来自于许多多元形式的表达，而全球中心文化则是单一的，人们缺乏独特身份和个性化意识，因此备感压抑。

这种对人们思想的玩弄引起了批判性分析和提案，以及着眼于人类生存条件的新模型和方法。我就卢斯·瓦尼塔 (Ruth Vanita) 的《巧克力》译稿写了一篇评论《荒诞中的科学》《The Science of the Absurd》，在这里面，我借由她那优美的介绍性文章探求了共同智慧、陈腔滥调、偏见和成见，以此来解释经验主义和科学如何被滥用为处于社会边缘的少数人的错位目标。医学、法律、家庭建设、广告、宗教、政治、教育和其他"机构"更加经常被用来宣传少数人的不实之处。我们以对妇女、黑人和犹太人的错误认识打开了 20 世纪的开端，又以对穆斯林、同性恋和非洲的错误认识而结束了这个世纪。通过阅读与写作，一个人可以沿着生活的树干不断攀登，到达生活的细枝末节，探索隐藏着的世界和现实。年轻建筑师们，你们要来到边缘，进行自我的探索。

人、阅读与写作再加上一点胆量引发了我最喜欢的爱好：做一个旅行者。观光者并不是等同于旅行者。旅行者没有计划，没有预订，没有火车预定，没有向导。旅行者凭借本能前进，根据对模糊的目的地的直觉不断前进。命运和事件的转变会设定好他们的路线。运动和旅行就是他们的追求。这些人会不断相遇，各种事件和体验就是他们的目标。当我在 70 年代后期首次踏入不丹这块土地时，我是廷布中的唯一白种人。我能够沿着尘土飞扬的马路横穿这个多山国家。我睡在广袤无垠的天空之下，身上只披着一个毛毯。我爱上了这片土地和这里的人。对我而言，这里拥有很强烈的学习背景，同时也是智慧和心灵平静的源泉。在我的生活中，最大的荣誉就是被委托设计他们的新国都大厦。在这份工作中，我运用了不丹文化中最神圣的艺术品和肖像。我因此而折服。接下来就是几十年以前我在喜马拉雅山脉的一次追寻。因此，被委托设计一所新建筑就好像是开始了一次新的冒险之旅，开始了对现实和真理的追寻。一个优秀的建筑师必须是一个优秀的旅行者，至少是优秀的心灵旅行者。

正如前面的一封信件提到的那样，另一次探险是我在 1971 年从伦敦到孟买的一次远足。我没有任何路线，也不知道自己要做什么。我沿途学会了生存，从陌生人那里获得了帮助、保护和庇护。那就是我从一个男孩转变成一个男人的仪式。我从波士顿搭飞机到达伦敦，然后乘火车到达多佛，然后乘海峡渡轮到达了法国。从那里开始，几乎全是陆路：火车、巴士、步行、骆驼、大篷货车和顺风车。我只是从一个城市来到另一个城市，沿途结交了好多朋友。我所知道的就是我正在接近印度，我必须前进，我必须生存。我爱上了土耳其人、库尔德人、伊朗人、阿富汗人和次大陆的人们。他们朴实且博学。他们沉浸在伟大的文化当中，培养了一种对人性的爱，以及一种坚持和生存的意愿。西方人可以从这些人身上学到很多，但是他们必须具备向别人学习的谦逊感。

像这样旅行，你就必须将自己的命运完全地交在那些陌生人的手中！你正旅行在一个完全陌生的领域，这时你并非是一个游客，你需要一个人类本性中基本的信仰。你必须要看得见他人的美德，尊重那些好人，这样你才能被别人所尊重。你要关心他们的用水、食物、住所和人身安全，所有这些都是你整个生命道路上所建立的人际关系的一部分。与他们一起活动、一起用餐、分享一口枯井中的几滴水、一起睡在满天繁星的夜空下，永远地开心大笑，我对这些人的热爱以及与他们的友谊都是由此而生。

在我第一次去印度的途中，我顺路访问了阿拉斯加、日本、中国大陆及台湾、柬埔寨和泰国。由于美国与柬埔寨之间没有外交关系，当我在金边着陆时，我被告知不能进入。等到争论结束时，飞机已经把我遗弃在一个小机场内，他们也只能允许我在此等待。后来我们由对立双方成为了朋友。仅有的几辆出租车已经离开了，士兵们于是让我骑了一头大象来到了城镇的周边，然后从那里换乘了一辆人力自行车，在黄昏时刻进入了那个道路上布满红沙的陌生城市，这些红沙具有相当的规模，两旁是白色的石头，每天早上都会被打扫得整齐有序。我在这个国家呆了十多天，是这里唯一的一个没有被关在监狱里的美国人。这里有 14 名被关押的美国空军飞行员，他们都是从越南飞往北方时非法入侵了柬埔寨的领空而被击落的。在这里，越南南方民族解放军下班后会在街上闲逛，这些与我年纪相仿的年轻人享受着与资本主义和入侵的美国军队斗争后的片刻的安宁。那是一个与不久后被红色高棉恐怖主义所损毁的社会和文明的邂逅。在他们的文明被毁灭、消失在历史课本的篇章之前，能够在这些美丽、古老的人民之间自由地行走，分享他们简单而又庄严的生活，实在是我的荣幸啊。

我的青春如今已经遗失到了记忆里。那是一个只有少数人可以进入的秘密之地。但是，我所遇到的那些人的激情、梦想和希望会再次成为我今天坚持的动力。

如今在印度，我成为了一名建筑师，与我的生活搭档、伙伴建筑师和我的优秀客户一起生活在梦里，在处于普纳郊区的印度之家里工作。变化时刻围绕着我。昨天变成了回忆，我们从零零碎碎中思考着明天，希望能够创造更美好的将来。我们所有人，不管是年轻建筑师还是年老的建筑师，不管是老师还是学生，大家都面对着巨大的挑战。

像美国一样，印度是一块属于个人的土地。像美国一样，它的组成部分是互不相同的。印度是由十亿人的十亿个主动权主成的。这里有些时候会出现冲突，有些时候会形成联盟。住在印度是一个巨大的挑战，需要理解力、耐心和毅力。个性、多重愿景、价值观和做事方式的巨大复杂性是灵感和积极性出现的持续源泉。这个国家的名字激发了我的想象力以及我的好奇心，即使我已经在这里生活了大半个世纪。这里的追寻是为了寻找把所有这些线编织成一件衣服的相同思路。令人惊奇的是，在所有的多样性中，这里有如此多的线，把所有事物都串在了一起，形成一种稳定的模式；它们总是处于不断变化中，总是处于过渡过程中，但它们是可靠的，统一的。

从某种程度上来说，与美国或者欧洲相比，我总是感觉到印度才是我的家。我热爱这里的嘈杂、动态协同作用和事物进入自己独特序列的方式。我爱这里人们通过微笑和大笑表达出来的温暖感。我爱各种性格的人，爱这个社会的复杂性。我爱雨水滴在干旱的土地所散发出来的气味，我爱在雨季到来时感受着从远处山峰吹来的微风。我爱黄昏中的昆虫鸣叫和黎明时的鸟儿鸣唱。

我喜欢倾听那些经营印度之家的男孩子们在清晨中的谈话，他们已经为接下来的一天做好了准备。我已经喜欢上这里的人们，他们也都喜欢我，印度已经成为了我自然的归宿。但是最重要的是我热爱印度人们天生的好奇心，他们会仔细询问你个人和家庭生活的各个方面，在这之前，他们始终都会跟你形影不离。也许我只是之前另一个旅行者的化身而已。我的灵魂熟悉这片土地！也许我是一只候鸟，冬天生活在斯里兰卡海岸边上而夏天则飞在高高的喜马拉雅山脉！我找到了我与灵魂之间的协调性，喜爱印度所有人民的友谊，不论他们来自于哪个社区、宗教、社会等级和族群。这里真的是我命中注定的家园。在印度、斯里兰卡、不丹，我的规划和设计背后的激情正是来源于这种和谐与共鸣。作为一个建筑师，我仅仅是跟随着它那天生的力量的一只手，赋予印度的智慧深处以物质性。

正如我在这些信件中多次提到的那样，生活中只有一种好运气，那就是要拥有优秀的老师。我对此颇有所感，60年代我跟随何赛·路易斯·塞尔特学习，在哈佛大学则是跟随着瓦尔特·格罗皮乌斯学习，至今我仍能回想起他在工作室里闲逛的情形。在青少年时期，我还跟随着像哈利·梅利特和罗伯特·塔克这样的不为人知的大师学习过，在我的童年时期，伴随我的是绿色的草坪、观花树木、波状丘陵地、清澈的小溪，清澈见底的湖里有着水百合、乌龟、短吻鳄，黄色的蝴蝶在上空盘旋。

一个人的记忆就是一个由图像、迷惑、怀旧、可能性、建筑、价值观、观点和想法组成的宝库。这是人类赖以生存的独特能力，根据现在去设想未来的图像和情景。与其他动物不同，我们不满于现有的平静生活，直觉让我们去面对挑战。我们的天性就是得不到满足，关注于未来的多种愿景，不管是好的还是坏的。未来的任何事情都是不确定的，这就让我们产生了好奇心。每个日落都预示着一百个日出。落日让我们思考我们可以为明天更好的生活做出哪些努力。

鸣　谢

　　从昌迪加尔到金奈，从艾哈迈达巴德到加尔各答，从北美到欧洲，再到澳大利亚，我跟许多学生和年轻的专业人士有过交流，这些"信件"正是由这些交流内容得来，其中包括了我多年来发表过的文章。

　　我是传统、血统和宗教老师的信徒。印度斯坦古典音乐有不同的流派，师徒之间不断传承的观念也形成了不同的观念链，我相信，世界上也存在着互不相同的"学派"。每个流派都有其内在与外在的价值取向和理论结构。当老师把这些东西不断地灌输给学生时，传统也就得以延续。价值观、思想、观念和态度就成为了这种传统的核心，人们分享它们、分析它们、适应它们，并对它们进行改变，使之与新环境和新问题产生关联。

　　好老师会给学生以启发。当一个人受到启发时，他会突然发现沉睡在自己内心深处的某种东西——他立志要变成的某种形象；他所具备的某种良好品性；或者是他并不知道的某种潜在天赋，他的人生也会从此变得与众不同。灵感就是那可以燎原的星星之火。同时，灵感还会让人加速改变以往刻板与偏执的性格。它会让我们开始质疑那些根深蒂固的传统。好老师会为我们点燃思想的火花，让我们产生迷惑感，然后树立目标，继而为之奋斗。

　　我希望能够答谢那些触动我的心灵并让我做出思考的老师们。他们让我知道了自己是谁。当我在他们的召唤中醒来时，我开始了一次无止境的旅行。当然，他们都属于此次人文主义运动的一分子。他们清楚自己的想法，并且对自己的工作富有激情。他们有的是美术家，有的是建筑师，有的是规划师，有的是经济学家，有的是社会学家，有的是历史学家，有的是心理学家，但他们都密切关注着自己赖以生存的生活环境和社会。他们都积极尝试让这个世界变得更美好，跟他们在一起接触交流，我的人生得到了升华，建筑知识也得到了提高。

我在1956年圣诞节当天收到了一本书，那是弗兰克·劳埃德·赖特的《自然建筑》(*The Natural House*)，它给我带来了启发，我的旅行也由此开始。当我看到最后一页时，我意识到自己命中注定要成为一个建筑师！随后我遇到了一位名叫哈利·梅里特 (Harry Merritt) 的年轻老师，他那令人惊奇的设计以及缜密的思考方式，让我更加坚定了自己要成为建筑师的信心。他建议我离开佛罗里达到哈佛上学。从那开始，我的好运气让我遇到了许多真正的大师：

罗伯特·塔克 (Robert Tucker)

诺曼·延森 (Norman Jensen)

布莱尔·里维斯 (Blair Reeves)

特平·班尼斯特 (Turpin C. Bannister)

查尔斯 (Charles) 和蕾·伊姆斯 (Ray Eames)

保罗·索莱里 (Paolo Soleri)

巴克明斯特·富勒 (Buckminster Fuller)

瓦尔特·格罗皮乌斯 (Walter Gropius)

何赛·路易斯·塞尔特 (Jose Luis Sert)

杰西·索尔坦 (Jerzy Soltan)

杰奎琳·蒂里特 (Jaqueline Tyrwhitt)

约瑟夫·扎勒维斯基 (Joseph Zalewski)

米尔科·巴萨尔代拉 (Mirko Basaldella)

约翰·特纳 (John F. C. Turner)

芭芭拉·沃德 (Barbara Ward)

沙德拉·伍德 (Shadrach Woods)

多尔夫·斯奈布利 (Dolf Schnebli)

桢文彦 (Fumihiko Maki)

亚历山大·佐尼斯（Alexander Tzonis）

莉安·勒费夫尔（Liane Lefaivre）

尤纳·弗里德曼（Yona Friedman）

阿诺尔德·汤因比（Arnold Toynbee）

玛格丽特·米德（Margaret Mead）

康斯坦丁诺斯·多加迪斯（Constantinos Doxiadis）

帕纳伊斯·普斯莫普洛斯（Panayis Psomopoulos）

罗杰·蒙哥马利（Roger Montgomery）

格哈德·卡尔曼（Gerhard Kallmann）

简·德鲁（Jane Drew）

马克斯韦尔·弗拉（Maxwell Fry）

凯文·林奇（Kevin Lynch）

劳埃德·罗丹（Lloyd Rodwin）

赫伯特·甘斯（Herbert Gans）

丽莎·皮阿迪（Lisa Peattie）

约翰·肯尼思·加尔布雷思（John Kenneth Galbraith）

查尔斯·柯里亚（Charles Correa）

皮拉吉·沙格拉（Piraji Sagara）

阿南特·瑞吉（Anant Raje）

路易斯·康（Louis Kahn）

维克拉姆·萨拉巴伊（Vikram Sarabhai）

库鲁拉·瓦奇（Kurula Varkey）

奥托·柯尼斯柏格（Otto Koenigsberger）

尤根达·阿拉奇（Yoginder Alagh）

哈什莫科·帕特勒（Hasmukh C. Patel）

阿奇亚特·科维德（Achyut Kanvinde）

普雷斯顿·安德拉德（Preston Andrade）

亚瑟·若欧（Arthur Row）

卡姆拉·乔德里 (Kamla Chowdhry)

戴守·兰姆·潘哲尔 (Dasho Lam Penjor)

吉里·戴辛格 (Giri Deshingkar)

J. P. 奈克 (J. P. Naik)

M. V. 南姆乔希 (M. V. Namjoshi)

V. M. 塞西卡 (V. M. Sirsikar)

V. M. 丹德卡 (V. M. Dandekar)

查尔斯·博伊斯 (Charles Boyce)

什夫·丹特·沙玛 (Shiv Datt Sharma)

达塔特瑞亚·丹娜歌 (Dattatreya Dhanagare)

马亨德拉·拉吉 (Mahendra Raj)

　　首先，我要感谢巴克里斯纳·多西，他赋予了我爱、学识与才情，正是受到他的启发，我才来到印度，在这片土壤上留下自己的足迹，并找到一个叫做"家"的地方。如果没有他，我就不可能出现在这里，他是我真正的明师。

　　最后，印度之家里那些支持我并发扬传统的建筑师伙伴，他们都是我的旅途中不可或缺的一部分。拉胡·萨思 (Rahul Sathe) 和达拉斯·乔克希 (Daraius Choksi) 都曾经是工作室的领导，他们不仅是我的知音，同时给过我指导。没有他们，我的工作室也就不会存在。我的伙伴迪巴克·卡奥 (Deepak Kaw)、瓦吉·克洛卡 (Shivaji Karekar)、哈什·曼尧 (Harsh Manrao)、马达夫·乔希 (Madhav Joshi)、加格迪斯·塔鲁日 (Jagadeesh Taluri)、纳文·哥尔查 (Navin Ghorecha) 和沙市·莫汉达斯 (Shashi Mohandas) 的生活都充满创意，他们陪伴我度过了非常有意义的岁月。同时，我也必须要感谢佐藤勉 (Tsutomu Sato) 在首次设计上给我的帮助，感谢我的助手吉塔和山塔兰对我的一致支持。

　　如果没有我的研究伙伴纳文·巴拉蒂 (Naveen Bharathi) 的不断鼓励，这本书也不会出现在大家面前。另外，为了支持我，威维克·哈德派克 (Vivek Khadpekar) 承担起了编辑此书的重任。我们 1968 年首次相识，他不仅是我的朋友，更是我的思想源泉。

在过去十七年的这段旅程中，我的合伙人拉姆普拉赛德·奈杜（Akkisetti Ramprasad Naidu）早已经成为了我的生活搭档。他以常务董事的身份把我们工作室的成功理念概念化，并使其得以发扬，把工作室创造成了一个功能化的团队，可能也只有他能够具有这种魄力和远见。他为我们建造了一艘航空母舰，即使遇到狂风暴雨，我们仍能顺利航行。

克里斯多弗·贝宁格